空间结构动力学等效建模与控制

Equivalent Dynamic Modeling and Control of Space Structures

金栋平 刘福寿 文 浩 胡海岩 著

科 学 出 版 社

北 京

内 容 简 介

本书应用结构动力学、振动力学、振动控制等理论方法对大型空间结构动力学等效建模与动态响应控制进行了研究。基于能量等效原理、连续介质力学、最优控制原理、分布参数模型等,系统介绍了大型空间结构的等效动力学建模方法、作动器/传感器优化配置、结构在轨热致振动、分布参数系统振动控制等内容。本书具有鲜明的工程背景,注重理论与工程应用的结合。

本书可供高等院校航空、航天、力学、土木、控制等专业的研究生、教师和研究人员,以及从事相关领域工作的工程师和技术人员阅读。

图书在版编目(CIP)数据

空间结构动力学等效建模与控制/金栋平等著. —北京: 科学出版社, 2021.6
ISBN 978-7-03-068971-9

Ⅰ. ①空… Ⅱ. ①金… Ⅲ. ①结构动力学-系统建模 Ⅳ. ①O342

中国版本图书馆 CIP 数据核字 (2021) 第 109021 号

责任编辑: 刘信力 / 责任校对: 彭珍珍
责任印制: 吴兆东 / 封面设计: 无极书装

科学出版社 出版
北京东黄城根北街 16 号
邮政编码: 100717
http://www.sciencep.com

北京虎彩文化传播有限公司 印刷
科学出版社发行 各地新华书店经销
*
2021 年 6 月第 一 版 开本: B5(720 × 1000)
2021 年 9 月第二次印刷 印张: 11 1/2
字数: 230 000
定价: 118.00 元
(如有印装质量问题, 我社负责调换)

前　言

空间天线结构往往通过可折叠的多级展开臂与星体相连，展开锁定后的尺度可达 $10^1 \sim 10^2$ m 量级，其在轨行为方式主要有快速定位、跟踪加速运动的目标、维持反射面几何或光学形面等。为快速定位和跟踪运动目标，卫星本体需要实时姿态调整，以致空间结构受到姿态机动产生的惯性干扰。例如，星载控制力矩陀螺、推进器等产生的通过展开臂传递到空间结构上的稳态和瞬态扰动等。此外，热辐射梯度、空间碎片等冲击也将激发出空间结构的复杂动态响应。由于大型空间结构阻尼很小，源自卫星本体或空间环境的扰动可使大型空间结构产生小至纳尺度的动态响应，而且一旦出现动态响应，则很难在短时间内衰减。比如，小于 1 Hz 的低频振动可致光学反射面天线出现指向误差和散焦，而高频 (1~100 Hz) 振动则可引发天线结构发生视线抖动。

从动力学的观点看，大型空间结构展开后尺度巨大，通常无法在地面进行天-地动力学等效环境下的全尺度物理仿真，加上大型空间结构往往含有齿轮副摩擦、铰接间隙、缠绕线束，以及传感器/驱动器与结构动力学耦合等，使大型空间结构在状态空间上的动力学建模具有不确定性。好的动力学模型及其严格的模型确认过程是实现结构动力学特性和控制系统性能的关键。与直梁和平板不同，壳曲结构受到瞬态载荷作用时，动态响应中往往含有很多个密频模态。从控制的观点看，大型空间结构往往在不可忽略的外部扰动频带和控制带宽内存在很多个模态。例如，美国空军研究实验室 (AFRL)"超轻成像技术实验计划 (UltraLITE)" 下的"可展开光学望远镜" 项目，结构有限元模型超过了 200 万个自由度。然而，即使如此高的自由度建模，也只能粗略地预示结构的前几阶低频模态。基于能量等效原理，建立大型空间结构动力学模型，可为空间结构动力学设计与控制提供重要参考。

本书得到国家自然科学基金重大项目 (11290153) 和重点项目 (11732006)、装备预研领域基金重点项目 (6140210010202) 等资助，在此表示感谢。最后对科学出版社为提高本书出版质量所付出的辛勤劳动致以敬意。

作　者

2020 年 10 月于南京

目　　录

第 1 章 桁架结构动力学等效建模

大型空间桁架结构通常是由多个基本形式或结构相同的桁架单元构成的周期性结构。对于梁式或板式周期桁架结构，人们通常采用连续体等效的方法将其降阶为梁或板模型，继而利用这一高度降阶的模型进行结构的静动力计算与分析。平面四边形桁架单元往往是大型空间结构如环形天线等基本组成单元，将其等效为空间梁，从而得到与空间桁架结构动力学等效的一维空间梁结构模型。

本章基于**能量等效**原理，获得了桁架结构周期单元等效力学模型，并进一步将空间环形桁架结构简化为标准弹性圆环模型。数值仿真验证了所提出的结构动力学等效模型的精度。

1.1 周期桁架单元力学模型

大型空间天线或阵列的支撑骨架往往是由平面周期单元构成。例如，美国 TRW Astro Aerospace 公司为通信卫星 Thuraya 研制的可展开天线[1]，该天线口径达 12.25m，质量只有 55kg，就是由两种平面周期桁架单元交替相连而组成的环形周期结构，如图 1.1.1 所示。组成环形桁架结构的周期单元可划分为两类平面矩形桁架，分别由 5 根构件组成：2 根横向构件、2 根竖向构件和 1 根斜向构件，如图 1.1.2 所示。这些构件之间采用齿轮副、铰链等关节连接，在环形桁架展开到位以后锁定，从而形成具有一定刚度的支撑结构。首先，不计入齿轮副、铰链等关节间隙非线性，建立环形桁架结构的力学模型。

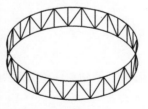

图 1.1.1　环形桁架结构与力学模型

为了描述周期桁架单元上任意一点的运动，我们在周期单元的中心处建立

---

① Thomson M W. The AstroMesh deployable reflector, Antennas and Propagation Society International Symposium. IEEE, 2002.

Cartesian 坐标系 $O\text{-}xyz$，其中 x 轴沿单元长度方向、z 轴沿单元高度方向、y 轴由右手定则确定，如图 1.1.2 所示。对于图 1.1.2 中的平面周期单元，其横截面 (垂直于 x 轴的截面) 退化为沿 z 轴方向的一条直线。这里称周期单元的四个关节为节点，关节质量为 $m_i(i=1\sim4)$。

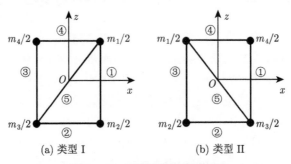

(a) 类型 I　　　　　　　　　(b) 类型 II

图 1.1.2　平面周期桁架单元

　　考虑桁架结构低频振动，采用经典梁理论中的平截面假定，即桁架结构发生整体弯曲和扭转变形时的横截面保持为平面。这样，周期单元横截面上任意一点的位移沿截面高度线性变化。记周期桁架单元横截面上任意一点 P 沿三个坐标轴正向的位移分别为 u_x、u_y 和 u_z，则

$$\begin{cases} u_x(x,z) = u_x^0(x) + z\varphi_y^0(x) \\ u_y(x,z) = u_y^0(x) - z\varphi_x^0(x) \\ u_z(x,z) = u_z^0(x) + z\varepsilon_z^0(x) \end{cases} \tag{1.1.1}$$

式中，$u_x^0(x)$、$u_y^0(x)$ 和 $u_z^0(x)$ 为横截面中心处 $(z=0)$ 的位移，$\varphi_x^0(x)$ 和 $\varphi_y^0(x)$ 分别为横截面绕 x 轴和 y 轴的转角，$\varepsilon_z^0(x)$ 为横截面沿 z 轴方向的平均正应变。

　　将式 (1.1.1) 表示的周期单元任意横截面上的位移在坐标原点处进行 Taylor 展开，得到

$$\begin{cases} u_x(x,z) = u_{x0} + z\varphi_{y0} + x(\varepsilon_{x0} + z\kappa_{y0}) + \dfrac{1}{2}x^2(\partial_x\varepsilon_{x0} + z\partial_x\kappa_{y0}) + \cdots \\ u_y(x,z) = u_{y0} - z\varphi_{x0} + x(\varphi_{z0} - z\kappa_{x0}) + \dfrac{1}{2}x^2(\kappa_{z0} - z\partial_x\kappa_{x0}) + \cdots \\ u_z(x,z) = u_{z0} + z\varepsilon_{z0} + x(\gamma_{xz0} - \varphi_{y0}) + \dfrac{1}{2}x^2(\partial_x\gamma_{xz0} - \kappa_{y0}) + \cdots \end{cases} \tag{1.1.2}$$

式中，u_{x0}、u_{y0} 和 u_{z0} 为周期单元中心处的位移，φ_{x0}、φ_{y0} 和 φ_{z0} 为周期单元中心处的横截面转角，满足

$$\varphi_{y0} = -\left(\left.\frac{\mathrm{d}u_z^0(x)}{\mathrm{d}x}\right|_{x=0} - \gamma_{xz0}\right), \quad \varphi_{z0} = \left.\frac{\mathrm{d}u_y^0(x)}{\mathrm{d}x}\right|_{x=0} \tag{1.1.3}$$

ε_{x0}、ε_{z0} 和 γ_{xz0} 为周期单元中心处的正应变和剪切应变，κ_{x0}、κ_{y0} 和 κ_{z0} 为周期单元中心处的扭曲率和弯曲率，满足

$$\varepsilon_{x0} = \left.\frac{\mathrm{d}u_x^0(x)}{\mathrm{d}x}\right|_{x=0}, \quad \kappa_{x0} = \left.\frac{\mathrm{d}\varphi_x^0(x)}{\mathrm{d}x}\right|_{x=0}, \quad \kappa_{y0} = \left.\frac{\mathrm{d}\varphi_y^0(x)}{\mathrm{d}x}\right|_{x=0}, \quad \kappa_{z0} = \left.\frac{\mathrm{d}\varphi_z^0(x)}{\mathrm{d}x}\right|_{x=0}$$
(1.1.4)

注意到，对于平面周期单元，由于单元横截面只在 z 轴方向有尺寸，而在 y 轴方向无尺寸，故在式 (1.1.2) 中只计入了 $x\text{-}z$ 平面内的剪切变形 γ_{xz0}，没有考虑 $x\text{-}y$ 平面内的剪切变形。

对于桁架结构低频振动，一个周期单元内的应变分量可以近似认为是常量，则位移场式 (1.1.2) 近似为

$$\begin{cases} u_x(x,z) \approx u_{x0} + z\varphi_{y0} + (x\varepsilon_{x0} + xz\kappa_{y0}) \\ u_y(x,z) \approx u_{y0} - z\varphi_{x0} + x\varphi_{z0} - xz\kappa_{x0} + \frac{1}{2}x^2\kappa_{z0} \\ u_z(x,z) \approx u_{z0} + z\varepsilon_{z0} + x(\gamma_{xz0} - \varphi_{y0}) - \frac{1}{2}x^2\kappa_{y0} \end{cases}$$
(1.1.5)

若桁架中各构件为固支连接，则构件将产生弯曲和扭转变形，各个构件的连接点处除线位移外，还将产生结点转角。对桁架结构进行连续体等效建模时，由于**经典连续体理论** (Classical Continuum Theory) 中任意质点仅有三个线位移而无角位移，故采用经典连续体理论无法直接描述刚性连接桁架结构的结点转角。解决上述问题的一种方法是采用更高级的**微极连续体理论** (Micropolar Continuum Theory)，考虑介质的粒子特征，认为在连续体内每一点上除了上述三个位移自由度外，还有三个独立的转动自由度 (Eremeyev, Lebedev and Altenbach, 2013)。然而，基于微极连续体理论的等效建模方法不仅等效过程复杂且等效后得到的微极连续体模型不便于工程应用。另一种更为简便的方法是采用经典连续体理论中微元体的刚体转角来近似桁架刚结点的转动。

根据经典弹性连续体理论 (程尧舜, 2009)，弹性体变形引起任意一点 P 附近的微元体绕该点作刚体转动，转动角度为

$$\begin{cases} \theta_x = \frac{1}{2}\left(\frac{\partial u_z}{\partial y} - \frac{\partial u_y}{\partial z}\right) \\ \theta_y = \frac{1}{2}\left(\frac{\partial u_x}{\partial z} - \frac{\partial u_z}{\partial x}\right) \\ \theta_z = \frac{1}{2}\left(\frac{\partial u_y}{\partial x} - \frac{\partial u_x}{\partial y}\right) \end{cases}$$
(1.1.6)

式中，θ_x、θ_y 和 θ_z 分别为绕 x、y 和 z 轴之转角。考虑到平面周期桁架单元仅在

x-z 平面内有尺寸，则式 (1.1.6) 成为

$$\begin{cases} \theta_x = -\dfrac{\partial u_y}{\partial z} \\ \theta_y = \dfrac{1}{2}\left(\dfrac{\partial u_x}{\partial z} - \dfrac{\partial u_z}{\partial x}\right) \\ \theta_z = \dfrac{\partial u_y}{\partial x} \end{cases} \tag{1.1.7}$$

将式 (1.1.5) 代入式 (1.1.7)，得

$$\begin{cases} \theta_x \approx \varphi_{x0} + x\kappa_{x0} \\ \theta_y \approx \varphi_{y0} + x\kappa_{y0} - \dfrac{1}{2}\gamma_{xz0} \\ \theta_z \approx \varphi_{z0} - z\kappa_{x0} + x\kappa_{z0} \end{cases} \tag{1.1.8}$$

将周期单元各节点坐标 $(x_k, y_k)(k{=}1{\sim}4)$ 代入式 (1.1.5) 和式 (1.1.8)，获得周期单元节点位移 (u_{Bk}, v_{Bk}, w_{Bk}) 和节点转角 $(\theta_{xBk}, \theta_{yBk}, \theta_{zBk})$。记节点 k 的位移向量为 $\boldsymbol{u}_{Bk} = \{u_{Bk}, v_{Bk}, w_{Bk}, \theta_{xBk}, \theta_{yBk}, \theta_{zBk}\}^{\mathrm{T}}$，则整个周期单元的节点位移向量表示为

$$\boldsymbol{u}_B = \{\boldsymbol{u}_{B1}^{\mathrm{T}}, \boldsymbol{u}_{B2}^{\mathrm{T}}, \boldsymbol{u}_{B3}^{\mathrm{T}}, \boldsymbol{u}_{B4}^{\mathrm{T}}\}^{\mathrm{T}} \tag{1.1.9}$$

1.2 周期桁架单元等效方法

基于能量等效原理，使周期桁架单元与等效连续体模型在相同的变形模式下具有同样的应变能和动能，从而确定等效连续体模型的力学参数。

由于环形桁架结构展开到位后锁定，故将周期单元中各构件作为空间梁单元描述，而齿轮副、铰链等关节质量采用集中质量单元。周期单元总的应变能和动能分别为

$$U_B = \sum_{m=1}^{5} \frac{1}{2}\boldsymbol{u}^{(m)\mathrm{T}}\boldsymbol{T}^{(m)\mathrm{T}}\boldsymbol{K}^{(m)}\boldsymbol{T}^{(m)}\boldsymbol{u}^{(m)} = \frac{1}{2}\boldsymbol{u}_B^{\mathrm{T}}\boldsymbol{K}_B\boldsymbol{u}_B \tag{1.2.1}$$

$$T_B = \sum_{m=1}^{5} \frac{1}{2}\dot{\boldsymbol{u}}^{(m)\mathrm{T}}\boldsymbol{T}^{(m)\mathrm{T}}\boldsymbol{M}^{(m)}\boldsymbol{T}^{(m)}\dot{\boldsymbol{u}}^{(m)} + \sum_{i=1}^{4} \frac{1}{2}\dot{\boldsymbol{u}}_i^{\mathrm{T}}\boldsymbol{m}_i\dot{\boldsymbol{u}}_i = \frac{1}{2}\dot{\boldsymbol{u}}_B^{\mathrm{T}}\boldsymbol{M}_B\dot{\boldsymbol{u}}_B \tag{1.2.2}$$

式中，$\boldsymbol{u}^{(m)}$、$\boldsymbol{K}^{(m)}$、$\boldsymbol{M}^{(m)}$ 和 $\boldsymbol{T}^{(m)}$ 分别为第 m 个构件的节点位移向量、刚度矩阵、质量矩阵和坐标转换矩阵，$\boldsymbol{m}_i$ 为第 i 个节点处的关节质量矩阵，$\boldsymbol{K}_B$ 和 $\boldsymbol{M}_B$ 分别为周期单元的总体刚度矩阵和总体质量矩阵。由于竖向构件和关节为相邻两个周期单元所共用，故在式 (1.2.1) 和式 (1.2.2) 中竖向构件的截面几何特性值及关节质量取为实际值的一半。

将周期单元节点位移向量代入式 (1.2.1)，得

$$U_B = \frac{1}{2} l_l \varepsilon_0^{\mathrm{T}} \boldsymbol{D}_B \varepsilon_0 \tag{1.2.3}$$

式中，$\varepsilon_0 = \{\varepsilon_{x0}, \varepsilon_{z0}, \gamma_{xz0}, \kappa_{x0}, \kappa_{y0}, \kappa_{z0}\}^{\mathrm{T}}$ 为由周期单元中心处应变构成的向量。

注意到，在计算周期单元的应变能时，引入了竖向拉伸应变 ε_{z0} 来描述周期单元沿竖向的伸缩变形。然而，经典梁理论认为梁横截面上各层纤维之间无相互挤压，即无沿 z 轴方向的正应力存在。因此，为了使周期桁架单元与梁模型等效，需消除周期单元横截面内与 ε_{z0} 对应的应力项 (Noor and Nemeth, 1980)，即

$$\frac{\partial U_B}{\partial \varepsilon_{z0}} = 0 \tag{1.2.4}$$

从而可将 ε_{z0} 用 ε_{x0}、γ_{xz0} 和 κ_{z0} 表示，以致周期单元总应变能成为

$$U_B = \frac{1}{2} l_l \varepsilon_{0s}^{\mathrm{T}} \boldsymbol{D}_{Bs} \varepsilon_{0s} \tag{1.2.5}$$

式中，$\varepsilon_{0s} = \{\varepsilon_{x0}, \gamma_{xz0}, \kappa_{x0}, \kappa_{y0}, \kappa_{z0}\}^{\mathrm{T}}$。展开式 (1.2.5)，得

$$\begin{aligned}
U_B = \frac{1}{2} l_l (& D_{11} \varepsilon_{x0}^2 + D_{22} \gamma_{xz0}^2 + D_{33} \kappa_{x0}^2 + D_{44} \kappa_{y0}^2 + D_{55} \kappa_{z0}^2 \\
& + 2 D_{12} \varepsilon_{x0} \gamma_{xz0} + 2 D_{35} \kappa_{x0} \kappa_{z0})
\end{aligned} \tag{1.2.6}$$

其中

$$D_{11} = 2EA_l + \frac{1}{\mu} EA_d \left[k_1 \frac{l_l^3}{l_d^3} + 12 k_1 k_2 \frac{l_l}{l_v} + 12 k_2 \frac{l_l^3}{l_d^3} \left(3 + \frac{l_l^4}{l_v^2 l_d^2} + \frac{l_v^4}{l_l^2 l_d^2} \right) \right]$$

$$D_{22} = 6 \frac{EI_l}{l_l^2} + 3 \frac{EI_v}{l_l l_v} + \frac{1}{\mu} \left(EA_v \frac{l_l}{l_v} + 3 k_1 EI_d \frac{(l_l^2 - l_v^2)^2}{l_v l_d^3 l_d^2} + 3 EI_d \frac{l_v^6 + l_l^6 + 3 l_l^2 l_v^2 l_d^2}{l_l l_d^7} \right)$$

$$D_{33} = 2GJ_l + GJ_v \frac{l_v}{l_l} + GJ_d \frac{(l_l^2 - l_v^2)^2}{l_l l_d^3} + 4 EI_d \frac{l_l l_v^2}{l_d^3}$$

$$D_{44} = 2EI_l + EI_d \frac{l_l}{l_d} + \frac{1}{2} EA_l l_v^2$$

$$D_{55} = 2EI_l + EI_d \frac{l_l^3}{l_d^3} + GJ_d \frac{l_l l_v^2}{l_d^3}$$

$$D_{12} = \frac{1}{\mu} \left(EA_v \frac{l_l^2}{l_v^2} + 6 k_1 EI_d \frac{(l_l^2 - l_v^2)^2}{l_v^2 l_d^2} + 6 EI_d \frac{l_v^6 + l_l^6 + 3 l_l^2 l_v^2 l_d^2}{l_v l_d^7} \right)$$

这里

$$k_1 = \frac{EA_v}{EA_d}, \quad k_2 = \frac{EI_d}{EA_d} \frac{1}{l_d^2}, \quad \mu = 1 + k_1 \frac{l_d^3}{l_v^3} + 12 k_2 \frac{l_l^2}{l_v^2}$$

式中，EA_i、EI_i 和 $GJ_i(i=l,v,d)$ 分别为构件的拉伸刚度、弯曲刚度和扭转刚度，l_i 为构件的长度，下标 l、v 和 d 分别对应周期单元中的横向构件、竖向构件和斜向构件。

考虑到周期单元的刚体运动为动能中的主要部分，故在计算周期单元动能时忽略节点速度表达式中与应变有关的项。将周期单元节点速度向量代入式 (1.2.2)，得

$$T_B = \frac{1}{2}l_l \dot{\boldsymbol{\delta}}_0^{\mathrm{T}} \boldsymbol{M}_B \dot{\boldsymbol{\delta}}_0 \tag{1.2.7}$$

式中，$\dot{\boldsymbol{\delta}}_0 = \{\dot{u}_{x0},\dot{u}_{y0},\dot{u}_{z0},\dot{\varphi}_{x0},\dot{\varphi}_{y0},\dot{\varphi}_{z0}\}^{\mathrm{T}}$。展开式 (1.2.7)，得

$$T_B = \frac{1}{2}l_l[M_0(\dot{u}_{x0}^2 + \dot{u}_{y0}^2 + \dot{u}_{z0}^2) + M_1\dot{\varphi}_{x0}^2 + M_2\dot{\varphi}_{y0}^2 + M_3\dot{\varphi}_{z0}^2 + 2M_{13}\dot{\varphi}_{x0}\dot{\varphi}_{z0}] \tag{1.2.8}$$

其中

$$M_0 = 2\rho A_l + \rho A_v \frac{l_v}{l_l} + \rho A_d \frac{l_d}{l_l} + \frac{1}{2l_l}\sum_{i=1}^{4} m_i$$

$$M_1 = \frac{1}{2}\rho A_l l_v^2 + \frac{1}{12}\rho A_v \frac{l_v^3}{l_l} + \frac{1}{12}\rho A_d \frac{l_v^2 l_d}{l_l} + 2\rho J_l + \rho J_d \frac{l_l}{l_d} + \frac{1}{8}\frac{l_v^2}{l_l}\sum_{i=1}^{4} m_i$$

$$M_2 = \rho A_l \left(\frac{l_l^2}{105} + \frac{l_v^2}{2}\right) + \frac{1}{12}\rho A_v \frac{l_v^3}{l_l} + \frac{1}{2}\rho A_d \frac{1}{l_l l_d}\left(\frac{l_l^4}{105} + \frac{l_l^2 l_v^2}{10} + \frac{l_v^4}{6}\right) + \frac{1}{8}\frac{l_v^2}{l_l}\sum_{i=1}^{4} m_i$$

$$M_3 = \frac{1}{105}\rho A_l l_l^2 + \frac{1}{210}\rho A_d l_l l_d + \rho J_v \frac{l_v}{l_l} + \rho J_d \frac{l_v^2}{l_l l_d}$$

$$M_{13} = \frac{1}{60}\rho A_d l_v l_d + \rho J_d \frac{l_v}{l_d}$$

式中，ρA_i 和 ρJ_i $(i = l,v,d)$ 分别为构件的单位长度质量和单位长度扭转转动惯量，上标 "·" 表示对时间求导数。

从周期单元总应变能的表达式可以看出，周期单元轴向拉伸与竖向剪切变形之间相互耦合、扭转与面内弯曲之间亦相互耦合。因此，周期单元的等效需采用各向异性梁模型，应变能写为

$$U_C = \frac{1}{2}\int_{l_l} \boldsymbol{\varepsilon}^{\mathrm{T}} \boldsymbol{D}_C \boldsymbol{\varepsilon}\mathrm{d}x \tag{1.2.9}$$

式中，$\boldsymbol{\varepsilon} = \{\varepsilon_x,\gamma_{xz},\kappa_x,\kappa_y,\kappa_z\}^{\mathrm{T}}$ 为等效梁的应变向量，$\boldsymbol{D}_C$ 为对称弹性矩阵，为

$$\boldsymbol{D}_C = \begin{bmatrix} EA & \eta_{12} & \eta_{13} & \eta_{14} & \eta_{15} \\ & kGA_z & \eta_{23} & \eta_{24} & \eta_{25} \\ & & GJ & \eta_{34} & \eta_{35} \\ & \text{对称} & & EI_y & \eta_{45} \\ & & & & EI_z \end{bmatrix} \tag{1.2.10}$$

弹性矩阵对角线上的元素分别为等效梁的拉伸、剪切、扭转和弯曲刚度，非对角线上的元素 η_{ij} 为刚度耦合项。由于在周期单元的位移展开式中忽略了应变之导数项，认为周期单元内部应变均为常量，故这里可认为等效梁应变在周期单元长度内亦为常量，等于周期单元中心处的应变，即 $\varepsilon = \varepsilon_{0s}$。

将等效梁长度取为周期单元长度 l_l，则根据周期单元和等效梁应变能相等原则，得到等效梁弹性矩阵的各个元素。对类型 I 的周期单元，有

$$EA = D_{11}, \quad kGA_z = D_{22}, \quad GJ = D_{33}, \quad EI_y = D_{44}, \quad EI_z = D_{55},$$

$$\eta_{12} = D_{12}, \quad \eta_{35} = D_{35} \tag{1.2.11}$$

η_{ij} 的其余项为零。类型 II 的周期单元仅耦合项 η_{12} 和 η_{35} 与类型 I 符号相反，其余等效刚度参数与类型 I 相同。

等效梁的动能为

$$T_C = \frac{1}{2} \int_{l_l} \dot{\boldsymbol{\delta}}^{\mathrm{T}} \boldsymbol{M}_C \dot{\boldsymbol{\delta}} \mathrm{d}x \tag{1.2.12}$$

式中，$\dot{\boldsymbol{\delta}} = \{\dot{u}_x, \dot{u}_y, \dot{u}_z, \dot{\varphi}_x, \dot{\varphi}_y, \dot{\varphi}_z\}^{\mathrm{T}}$ 为等效梁速度向量，$\boldsymbol{M}_C$ 为对称惯性矩阵，为

$$\boldsymbol{M}_C = \begin{bmatrix} \rho A & m_{12} & m_{13} & m_{14} & m_{15} & m_{16} \\ & \rho A & m_{23} & m_{24} & m_{25} & m_{26} \\ & & \rho A & m_{34} & m_{35} & m_{36} \\ & & & J_x & m_{45} & m_{46} \\ & \text{对称} & & & J_y & m_{56} \\ & & & & & J_z \end{bmatrix} \tag{1.2.13}$$

这里，惯性矩阵对角线上的元素分别为等效梁单位长度的质量和转动惯量，非对角线上的元素为惯性耦合项。

在计算周期单元动能时忽略了应变项，故在计算等效梁的动能时同样忽略弹性变形对速度之影响。根据周期单元和各向异性梁动能相等原则，得到等效梁惯性矩阵中的各个元素。对类型 I 周期单元，有

$$\rho A = M_0, \quad J_x = M_1, \quad J_y = M_2, \quad J_z = M_3, \quad m_{46} = M_{13} \tag{1.2.14}$$

m_{ij} 的其余项为零。类型 II 周期单元仅耦合项 m_{46} 与类型 I 周期单元符号相反，其余等效质量参数与类型 I 相同。

1.3 等效环形梁模型

1.2 节通过连续体等效方法将环形桁架结构周期单元等效为一段考虑剪切变形的空间各向异性梁，从而将原二维环形桁架结构简化为一维环形梁结构。本节

采用有限元法建立环形桁架结构等效环形梁模型。

在经典梁单元基础上考虑剪切变形的影响，认为竖向位移 u_z 是由弯曲竖向位移 u_z^b 和剪切竖向位移 u_z^s 叠加而成。定义节点位移向量

$$\Delta = \{u_{x1}, u_{y1}, u_{z1}^b, u_{z1}^s, \varphi_{x1}, \varphi_{y1}, \varphi_{z1}, u_{x2}, u_{y2}, u_{z2}^b, u_{z2}^s, \varphi_{x2}, \varphi_{y2}, \varphi_{z2}\}^{\mathrm{T}} \tag{1.3.1}$$

则单元内部任意一点 x 处的位移可以表示为

$$\begin{cases} u_x = N_1 u_{x1} + N_2 u_{x2} \\ u_y = N_3 u_{y1} + N_4 \varphi_{z1} + N_5 u_{y2} + N_6 \varphi_{z2} \\ u_z^b = N_3 u_{z1}^b + N_4 \varphi_{y1} + N_5 u_{z2}^b + N_6 \varphi_{y2} \\ u_z^s = N_1 u_{z1}^s + N_2 u_{z2}^s \\ \varphi_x = N_1 \varphi_{x1} + N_2 \varphi_{x2} \end{cases} \tag{1.3.2}$$

截面转角通过位移求导数得到，即

$$\varphi_y = -\frac{\mathrm{d}u_z^b}{\mathrm{d}x}, \quad \varphi_z = \frac{\mathrm{d}u_y}{\mathrm{d}x} \tag{1.3.3}$$

插值形函数为

$$N_1 = 1 - \xi, \quad N_2 = \xi, \quad N_3 = 1 - 3\xi^2 + 2\xi^3,$$

$$N_4 = (\xi - 2\xi^2 + \xi^3)l_l, \quad N_5 = 3\xi^2 - 2\xi^3, \quad N_6 = (\xi^3 - \xi^2)l_l \tag{1.3.4}$$

式中，$\xi = (x - x_1)/l_l, 0 \leqslant \xi \leqslant 1$。

根据式 (1.3.2) 可知，梁单元的插值函数矩阵为

$$\boldsymbol{N} = \begin{bmatrix} N_1 & 0 & 0 & 0 & 0 & 0 & 0 & N_2 & 0 & 0 & 0 & 0 & 0 & 0 \\ 0 & N_3 & 0 & 0 & 0 & 0 & N_4 & 0 & N_5 & 0 & 0 & 0 & 0 & N_6 \\ 0 & 0 & N_3 & 0 & 0 & N_4 & 0 & 0 & 0 & N_5 & 0 & 0 & N_6 & 0 \\ 0 & 0 & 0 & N_1 & 0 & 0 & 0 & 0 & 0 & 0 & N_2 & 0 & 0 & 0 \\ 0 & 0 & 0 & 0 & N_1 & 0 & 0 & 0 & 0 & 0 & 0 & N_2 & 0 & 0 \end{bmatrix} \tag{1.3.5}$$

等效梁的本构关系为

$$\begin{Bmatrix} N \\ Q_z \\ M_x \\ M_z \\ M_y \end{Bmatrix} = \boldsymbol{D}_C \begin{Bmatrix} \varepsilon_x \\ \gamma_{xz} \\ \kappa_x \\ \kappa_y \\ \kappa_z \end{Bmatrix} \tag{1.3.6}$$

式中，矩阵 $\boldsymbol{D}_C$ 为式 (1.2.11) 确定的等效梁模型弹性矩阵。应变列阵为

$$\left\{\begin{array}{c} \varepsilon_x \\ \gamma_{xz} \\ \kappa_x \\ \kappa_y \\ \kappa_z \end{array}\right\} = \boldsymbol{L} \left\{\begin{array}{c} u_x \\ u_y \\ u_z^b \\ u_z^s \\ \varphi_x \end{array}\right\} = \boldsymbol{B}\boldsymbol{\Delta} \tag{1.3.7}$$

这里，应变矩阵 $\boldsymbol{B} = \boldsymbol{LN}$，其中微分算子

$$\boldsymbol{L} = \begin{bmatrix} \dfrac{\mathrm{d}}{\mathrm{d}x} & 0 & 0 & 0 & 0 \\ 0 & 0 & 0 & \dfrac{\mathrm{d}}{\mathrm{d}x} & 0 \\ 0 & 0 & 0 & 0 & \dfrac{\mathrm{d}}{\mathrm{d}x} \\ 0 & \dfrac{\mathrm{d}^2}{\mathrm{d}x^2} & 0 & 0 & 0 \\ 0 & 0 & -\dfrac{\mathrm{d}^2}{\mathrm{d}x^2} & 0 & 0 \end{bmatrix} \tag{1.3.8}$$

因此，考虑剪切变形的空间各向异性梁的单元刚度矩阵为

$$\boldsymbol{K}^e = \int_{l_l} \boldsymbol{B}^{\mathrm{T}} \boldsymbol{D}_C \boldsymbol{B} \mathrm{d}x \tag{1.3.9}$$

对于等效梁模型单元质量矩阵，为使插值函数矩阵与式 (1.2.13) 中的惯性矩阵相匹配，将单元内任一点的位移表示为

$$\left\{\begin{array}{l} u_x = N_1 u_{x1} + N_2 u_{x2} \\ u_y = N_3 u_{y1} + N_4 \varphi_{z1} + N_5 u_{y2} + N_6 \varphi_{z2} \\ u_z = N_3 u_{z1}^b + N_1 u_{z1}^s + N_4 \varphi_{y1} + N_5 u_{z2}^b + N_2 u_{z2}^s + N_6 \varphi_{y2} \\ \varphi_x = N_1 \varphi_{x1} + N_2 \varphi_{x2} \\ \varphi_y = -N_3' u_{z1}^b - N_4' \varphi_{y1} - N_5' u_{z2}^b - N_6' \varphi_{y2} \\ \varphi_z = N_3' u_{y1} + N_4' \varphi_{z1} + N_5' u_{y2} + N_6' \varphi_{z2} \end{array}\right. \tag{1.3.10}$$

式中，插值函数 $N_1 \sim N_6$ 与式 (1.3.4) 中意义相同，这里的撇号表示对 x 求偏导数。此时，插值函数矩阵为

$$\boldsymbol{N} = \begin{bmatrix} N_1 & 0 & 0 & 0 & 0 & 0 & 0 & N_2 & 0 & 0 & 0 & 0 & 0 & 0 \\ 0 & N_3 & 0 & 0 & 0 & 0 & N_4 & 0 & N_5 & 0 & 0 & 0 & 0 & N_6 \\ 0 & 0 & N_3 & N_1 & 0 & N_4 & 0 & 0 & 0 & N_5 & N_2 & 0 & N_6 & 0 \\ 0 & 0 & 0 & 0 & N_1 & 0 & 0 & 0 & 0 & 0 & 0 & N_2 & 0 & 0 \\ 0 & 0 & -N_3' & 0 & 0 & -N_4' & 0 & 0 & 0 & -N_5' & 0 & 0 & -N_6' & 0 \\ 0 & N_3' & 0 & 0 & 0 & 0 & N_4' & 0 & N_5' & 0 & 0 & 0 & 0 & N_6' \end{bmatrix} \tag{1.3.11}$$

等效梁模型单元质量矩阵

$$\boldsymbol{M}^e = \int_{l_l} \boldsymbol{N}^{\mathrm{T}} \boldsymbol{M}_C \boldsymbol{N} \mathrm{d}x \tag{1.3.12}$$

式中，矩阵 M_C 为式 (1.2.13) 确定的等效梁模型惯性矩阵。

一旦获得各向异性梁的单元刚度矩阵和单元质量矩阵，则可采用有限元方法对等效后的环形梁结构进行动力特性分析。

1.4   等效圆环模型

考虑到组成环形桁架结构的周期单元数目通常较多，其等效环形梁模型可以近似为圆环模型。进一步，忽略等效梁模型的各向异性，则可将环形桁架结构近似等效为一个各向同性的弹性圆环模型。

1.4.1   等效圆环运动方程

将环形桁架结构等效为一个与具有相同高度的薄壁圆环，圆环直径等于环形桁架的口径 (外接圆直径)，如图 1.4.1 所示。圆环上任意一点的坐标采用柱坐标系 (r,θ,Z) 描述，柱坐标系的原点 O 位于圆环中性轴所在圆之圆心。圆环中性轴上任意一点 C 之位移采用局部 Cartesian 坐标系 $C\text{-}xyz$ 描述，其中 x 轴沿圆环切线方向、y 轴指向圆心、z 轴竖直向上。圆环轴线上任意一点沿 x、y 和 z 轴方向的位移分别为 u_x、u_y 和 u_z，圆环横截面绕三个坐标轴的转角分别为 φ_x、φ_y 和 φ_z。

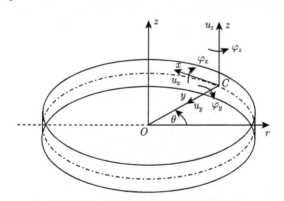

图 1.4.1   环形桁架等效圆环模型

与环形桁架结构相对应，计入等效圆环模型面外振动时的剪切变形，不考虑面内振动时的剪切变形，则圆环面内振动时横截面绕 z 轴转角可以表示为

$$\varphi_z = \frac{u_x}{R} + \frac{1}{R}\frac{\partial u_y}{\partial \theta} \tag{1.4.1}$$

在局部坐标系 $C\text{-}xyz$ 下，圆环的变形几何关系为

$$\varepsilon_x = \frac{\partial u_x}{R\partial \theta} - \frac{u_y}{R}, \quad \gamma_z = \frac{\partial u_z}{R\partial \theta} + \varphi_y,$$

$$\kappa_x = \frac{\partial \varphi_x}{R\partial\theta} - \frac{\varphi_y}{R}, \quad \kappa_y = \frac{\varphi_x}{R} + \frac{\partial \varphi_y}{R\partial\theta}, \quad \kappa_z = \frac{\partial \varphi_z}{R\partial\theta} \tag{1.4.2}$$

式中，ε_x 为圆环的轴向应变，γ_z 为圆环面外弯曲的剪切角，κ_x、κ_y 和 κ_z 分别为圆环的扭曲率和弯曲曲率。圆环横截面上的内力为

$$N = EA\varepsilon_x, \quad Q_z = k_z GA\gamma_z,$$

$$M_x = GJ\kappa_x, \quad M_y = EI_y\kappa_y, \quad M_z = EI_z\kappa_z \tag{1.4.3}$$

式中，圆环刚度参数 EA、$k_z GA$、GJ、EI_y 和 EI_z 即为等效梁模型的刚度参数。

对圆环微段进行受力分析，考虑圆环扭转和面外弯曲的转动惯量 J_x 和 J_y，得到圆环自由振动的动力平衡方程

$$\frac{\partial N}{R\partial\theta} - \frac{Q_y}{R} = \rho A \frac{\partial^2 u_x}{\partial t^2} \tag{1.4.4a}$$

$$\frac{\partial Q_y}{R\partial\theta} + \frac{N}{R} = \rho A \frac{\partial^2 u_y}{\partial t^2} \tag{1.4.4b}$$

$$\frac{\partial M_z}{R\partial\theta} + Q_y = 0 \tag{1.4.4c}$$

$$\frac{\partial Q_z}{R\partial\theta} = \rho A \frac{\partial^2 u_z}{\partial t^2} \tag{1.4.4d}$$

$$\frac{\partial M_x}{R\partial\theta} - \frac{M_y}{R} = J_x \frac{\partial^2 \varphi_x}{\partial t^2} \tag{1.4.4e}$$

$$\frac{\partial M_y}{R\partial\theta} + \frac{M_x}{R} - Q_z = J_y \frac{\partial^2 \varphi_y}{\partial t^2} \tag{1.4.4f}$$

式中，圆环质量参数 ρA、J_x 和 J_y 即为等效梁模型的质量参数。

将式 (1.4.2) 和式 (1.4.3) 代入式 (1.4.4)，可得等效圆环模型自由振动方程

$$\frac{EA}{R^2}\left(\frac{\partial^2 u_x}{\partial \theta^2} - \frac{\partial u_y}{\partial \theta}\right) + \frac{EI_z}{R^4}\left(\frac{\partial^2 u_x}{\partial \theta^2} + \frac{\partial^3 u_y}{\partial \theta^3}\right) = \rho A \frac{\partial^2 u_x}{\partial t^2} \tag{1.4.5a}$$

$$\frac{EA}{R^2}\left(\frac{\partial u_x}{\partial \theta} - u_y\right) - \frac{EI_z}{R^4}\left(\frac{\partial^3 u_x}{\partial \theta^3} + \frac{\partial^4 u_y}{\partial \theta^4}\right) = \rho A \frac{\partial^2 u_y}{\partial t^2} \tag{1.4.5b}$$

$$\frac{k_z GA}{R}\left(\frac{\partial^2 u_z}{R\partial \theta^2} + \frac{\partial \varphi_y}{\partial \theta}\right) = \rho A \frac{\partial^2 u_z}{\partial t^2} \tag{1.4.5c}$$

$$\frac{GJ}{R^2}\left(\frac{\partial^2 \varphi_x}{\partial \theta^2} - \frac{\partial \varphi_y}{\partial \theta}\right) - \frac{EI_y}{R^2}\left(\varphi_x + \frac{\partial \varphi_y}{\partial \theta}\right) = J_x \frac{\partial^2 \varphi_x}{\partial t^2} \tag{1.4.5d}$$

$$\frac{EI_y}{R^2}\left(\frac{\partial \varphi_x}{\partial \theta}+\frac{\partial^2 \varphi_y}{\partial \theta^2}\right)+\frac{GJ}{R^2}\left(\frac{\partial \varphi_x}{\partial \theta}-\varphi_y\right)-k_zGA\left(\frac{\partial u_z}{R\partial \theta}+\varphi_y\right)=J_y\frac{\partial^2 \varphi_y}{\partial t^2}$$

$$(1.4.5e)$$

这里,式 (1.4.5a, b) 和 (1.4.5c~e) 分别代表圆环面内和面外的自由振动。

对于等效圆环模型,不考虑圆环截面的畸变,认为圆环截面在弯曲和扭转后仍然是一个平面,则圆环横截面上任意高度 z 处的位移可以表示为

$$\begin{cases} u_x^*(\theta,z,t)=u_x+z\varphi_y \\ u_y^*(\theta,z,t)=u_y-z\varphi_x \\ u_z^*(\theta,z,t)=u_z \end{cases} \qquad (1.4.6)$$

可见,式 (1.4.6) 与环形桁架的截面位移表达式 (1.1.1) 相对应,唯一不同的是在式 (1.1.1) 中考虑了环形桁架横截面的竖向拉伸应变 ε_z^0,而在圆环模型中未考虑该应变。

1.4.2　无约束圆环固有振动

对于无约束的环形桁架结构,采用等效圆环模型进行其固有振动特性的分析。采用分离变量法,将圆环面内自由振动方程 (1.4.5a) 和 (1.4.5b) 的位移表示为

$$u_x(\theta,t)=U_x(\theta)\mathrm{e}^{\mathrm{j}\omega t}, \quad u_y(\theta,t)=U_y(\theta)\mathrm{e}^{\mathrm{j}\omega t} \qquad (1.4.7)$$

式中,$U_x(\theta)$ 和 $U_y(\theta)$ 分别为位移 u_x 和 u_y 的振型函数,ω 为圆环面内振动的固有频率。对于无约束的封闭圆环,利用位移满足的周期性条件,可将振型函数设为

$$U_x(\theta)=A_n\sin n(\theta-\psi), \quad U_y(\theta)=B_n\cos n(\theta-\psi) \qquad (1.4.8)$$

式中,A_n 和 B_n 为待定的实常数,ψ 为相位角,n 为振型的环向波数。

将式 (1.4.7) 和式 (1.4.8) 代入方程 (1.4.5a) 和 (1.4.5b),得到一组代数方程

$$\begin{bmatrix} \rho A\omega^2-n^2\dfrac{EA}{R^2}-n^2\dfrac{EI_z}{R^4} & n\dfrac{EA}{R^2}+n^3\dfrac{EI_z}{R^4} \\ n\dfrac{EA}{R^2}+n^3\dfrac{EI_z}{R^4} & \rho A\omega^2-\dfrac{EA}{R^2}-n^4\dfrac{EI_z}{R^4} \end{bmatrix}\begin{Bmatrix} A_n \\ B_n \end{Bmatrix}=0 \qquad (1.4.9)$$

根据系数矩阵行列式为零,可得圆环面内振动的频率方程

$$\omega^4-K_1\omega^2+K_2=0 \qquad (1.4.10)$$

其中

$$K_1=\frac{n^2+1}{\rho AR^2}\left(\frac{n^2EI_z}{R^2}+EA\right), \quad K_2=\frac{n^2(n^2-1)^2}{(\rho A)^2R^6}EI_zEA \qquad (1.4.11)$$

求解式 (1.4.10) 得到两个频率

$$\omega_{n1} = \sqrt{\frac{K_1}{2}\left(1 - \sqrt{1 - 4\frac{K_2}{K_1^2}}\right)}, \quad \omega_{n2} = \sqrt{\frac{K_1}{2}\left(1 + \sqrt{1 - 4\frac{K_2}{K_1^2}}\right)} \quad (1.4.12)$$

另外，由式 (1.4.9) 可以得到圆环振型函数的幅值满足

$$\frac{A_{ni}}{B_{ni}} = -\frac{nEA/R^2 + n^3 EI_z/R^4}{\rho A\omega_{ni}^2 - n^2 EA/R^2 - n^2 EI_z/R^4}$$
$$= -\frac{\rho A\omega_{ni}^2 - EA/R^2 - n^4 EI_z/R^4}{nEA/R^2 + n^3 EI_z/R^4}, \quad i = 1, 2 \quad (1.4.13)$$

一般地，$0 < K_2/K_1^2 \ll 1$，从式 (1.4.12) 可知 $\omega_{n2} \gg \omega_{n1}$，并且当 n 不是很大时，有

$$\frac{n^2 EI_z}{R^2} = EA, \quad K_1 \approx \frac{n^2+1}{\rho AR^2}EA \quad (1.4.14)$$

因此，可以将式 (1.4.12) 简化为

$$\omega_{n1} \approx \sqrt{\frac{EI_z}{\rho AR^4}\frac{n^2(n^2-1)^2}{n^2+1}}, \quad \omega_{n2} \approx \sqrt{\frac{E}{\rho R^2}(n^2+1)} \quad (1.4.15)$$

这里，ω_{n1} 即是按照圆环中心线**不可伸缩理论** (Soedel, 2005) 计算得到的圆环面内振动的固有频率，而 ω_{n2} 为圆环伸缩振动的固有频率。此外，利用式 (1.4.14) 可以将式 (1.4.13) 近似为

$$\frac{A_{n1}}{B_{n1}} \approx \frac{1}{n}, \quad \frac{A_{n2}}{B_{n2}} \approx -n \quad (1.4.16)$$

从式 (1.4.12) 或式 (1.4.15) 可以发现，当 $n=0$ 和 $n=1$ 时，$\omega_{n1}=0$ 和 $\omega_{n2}\neq 0$，即圆环面内自由振动存在两个刚体模态，分别对应 $n=0$ 和 $n=1$ 的情况。

同样，对于式 (1.4.5c~e) 表示的圆环面外自由振动，采用分离变量法，有

$$u_z(\theta,t) = U_z(\theta)e^{j\omega t}, \quad \varphi_x(\theta,t) = \Psi_x(\theta)e^{j\omega t}, \quad \varphi_y(\theta,t) = \Psi_y(\theta)e^{j\omega t} \quad (1.4.17)$$

从式 (1.4.5c)，得

$$\frac{\partial \varphi_y}{\partial \theta} = \frac{\rho AR}{k_z GA}\frac{\partial^2 u_z}{\partial t^2} - \frac{\partial^2 u_z}{R\partial \theta^2} \quad (1.4.18)$$

从式 (1.4.5e)，得

$$\frac{\partial \varphi_x}{\partial \theta} = \frac{R^2}{EI_y + GJ}\left[\frac{k_z GA}{R}\frac{\partial u_z}{\partial \theta} - \frac{EI_y}{R^2}\frac{\partial^2 \varphi_y}{\partial \theta^2} + \left(k_z GA + \frac{GJ}{R^2}\right)\varphi_y + J_y\frac{\partial^2 \varphi_y}{\partial t^2}\right]$$
$$(1.4.19)$$

将式 (1.4.17) 和式 (1.4.18) 代入式 (1.4.5d)，从而将圆环面外自由振动简化为一个方程，即

$$
\begin{aligned}
&\frac{\partial^6 u_z}{\partial\theta^6} + 2\frac{\partial^4 u_z}{\partial\theta^4} + \frac{\partial^2 u_z}{\partial\theta^2} - \frac{\rho AR^2}{k_z GA}\left(\frac{k_z GAR^2}{GJ}+1\right)\frac{\partial^2 u_z}{\partial t^2} \\
&- \frac{\rho AR^4}{k_z GA}\left[\frac{J_y}{GJ} + \frac{J_x}{EI_y} + \frac{J_x R^2 k_z GA}{EI_y GJ}\right]\frac{\partial^4 u_z}{\partial t^4} - \frac{\rho A J_x J_y R^6}{k_z GA EI_y GJ}\frac{\partial^6 u_z}{\partial t^6} \\
&+ R^2\left[\frac{\rho AR^2}{EI_y} - \frac{2\rho A}{k_z GA} + \frac{J_y}{GJ} + \frac{J_x}{EI_y}\right]\frac{\partial^4 u_z}{\partial\theta^2\partial t^2} \\
&- R^2\left(\frac{\rho A}{k_z GA} + \frac{J_y}{EI_y} + \frac{J_x}{GJ}\right)\frac{\partial^6 u_z}{\partial\theta^4\partial t^2} \\
&+ R^4\left(\frac{\rho A}{k_z GA}\frac{J_y}{EI_y} + \frac{\rho A}{k_z GA}\frac{J_x}{GJ} + \frac{J_x J_y}{EI_y GJ}\right)\frac{\partial^6 u_z}{\partial\theta^2\partial t^4} = 0
\end{aligned}
\tag{1.4.20}
$$

同样，利用封闭圆环的位移周期性条件，位移 u_z 的振型函数可设为

$$
U_z(\theta) = C_n\cos n(\theta - \psi)
\tag{1.4.21}
$$

式中，C_n 为任意实常数，ψ 为相位角，n 为振型的环向波数。

将式 (1.4.17) 和式 (1.4.21) 代入式 (1.4.20)，可得圆环面外振动的频率方程

$$
\begin{aligned}
&\frac{S_1 S_2^3 S_4}{S_3}T^3 - \left[n^2 S_2^2\left(S_1 + \frac{S_1 S_4 + S_4}{S_3}\right) + \frac{S_1 S_2^2 + S_2 S_4}{S_3} + S_1 S_2^2 S_4\right]T^2 \\
&+ \left[S_1 S_2 + S_4 + n^2\left(1 + \frac{S_2}{S_3} - 2S_1 S_2 + S_2 S_4\right) + n^4 S_2\left(1 + S_1 + \frac{S_4}{S_3}\right)\right]T \\
&+ (2n^4 - n^6 - n^2) = 0
\end{aligned}
\tag{1.4.22}
$$

其中

$$
T = \frac{\rho AR^4\omega^2}{EI_y}, \quad S_1 = \frac{EA}{k_z GA}, \quad S_2 = \frac{J_y}{\rho AR^2}, \quad S_3 = \frac{J_y}{J_x}, \quad S_4 = \frac{EI_y}{GJ}
$$

对于给定的 n 值，解一元三次方程 (1.4.22) 可以得到无约束圆环面外振动的三个固有频率，其中最小的一个对应着竖向位移 u_z 占主导成分的模态，其余两个分别对应转角 φ_x 和 φ_y 占主导成分的模态。当 $n = 0$ 和 1 时，由方程 (1.4.22) 解得的最小频率均为零，对应于圆环面外自由振动的两个刚体模态。

根据式 (1.4.18) 和式 (1.4.19)，转角 φ_x 和 φ_y 的振型函数满足

$$
\Psi_x(\theta) = D_n\cos n(\theta - \psi), \quad \Psi_y(\theta) = E_n\sin n(\theta - \psi)
\tag{1.4.23}
$$

其中

$$
\begin{cases}
D_n = \dfrac{-C_n}{n^2 R(EI_y + GJ)}\left[n^4 EI_y + n^2 GJ - \rho A\omega_n^2 R^2\left(R^2 + \dfrac{GJ}{k_z GA}\right)\right. \\
\qquad \left. -n^2\omega_n^2 R^2\left(\dfrac{\rho AEI_y}{k_z GA} + J_y\right) + \dfrac{\rho AJ_y\omega_n^4 R^4}{k_z GA}\right] \\
E_n = -\dfrac{C_n}{n}\left(\dfrac{\rho AR}{k_z GA}\omega_n^2 - \dfrac{n^2}{R}\right)
\end{cases}
\tag{1.4.24}
$$

1.4.3　含约束圆环固有振动

考虑环形桁架结构固连于卫星展开臂上，这里将展开臂看作为刚性结构，研究环形桁架在外载荷作用下的动力响应问题。图 1.4.2 给出了原始环形桁架结构模型及其对应的等效圆环力学模型，仍然采用柱坐标系进行描述，考察 A 点激励下环形桁架结构上 B 和 C 点之动态响应特征。

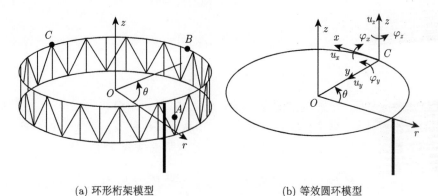

(a) 环形桁架模型　　　　　　　　　　　　(b) 等效圆环模型

图 1.4.2　环形桁架结构模型

以环形桁架结构的径向振动为例，等效圆环模型运动方程为

$$
\frac{EA}{R^2}\left(\frac{\partial^2 u_x}{\partial\theta^2} - \frac{\partial u_y}{\partial\theta}\right) + \frac{EI_z}{R^4}\left(\frac{\partial^2 u_x}{\partial\theta^2} + \frac{\partial^3 u_y}{\partial\theta^3}\right) + q_x = \rho A\frac{\partial^2 u_x}{\partial t^2}
\tag{1.4.25a}
$$

$$
\frac{EA}{R^2}\left(\frac{\partial u_x}{\partial\theta} - u_y\right) - \frac{EI_z}{R^4}\left(\frac{\partial^3 u_x}{\partial\theta^3} + \frac{\partial^4 u_y}{\partial\theta^4}\right) + q_y = \rho A\frac{\partial^2 u_y}{\partial t^2}
\tag{1.4.25b}
$$

式中，q_x 和 q_y 分别为作用在等效圆环模型上沿局部坐标系 x 和 y 轴方向的分布载荷。对于集中载荷，有

$$
q_x = \sum_{i=1}^{M} \frac{q_{xi}(t)}{R}\delta(\theta - \theta_i^*)
\tag{1.4.26a}
$$

$$
q_y = \sum_{j=1}^{N} \frac{q_{yj}(t)}{R}\delta(\theta - \theta_j^*)
\tag{1.4.26b}
$$

式中，$\delta(\cdot)$ 为 Dirac 函数，θ_i^* 和 θ_j^* 分别为集中载荷 q_{xi} 和 q_{yj} 的作用位置。

不计剪切变形，圆环绕 z 轴之转角可以表示为

$$\varphi_z = \frac{u_x}{R} + \frac{1}{R}\frac{\partial u_y}{\partial \theta} \tag{1.4.27}$$

圆环的轴向应变 ε_x 和曲率改变量 κ_z 分别为

$$\varepsilon_x = \frac{\partial u_x}{R\partial \theta} - \frac{u_y}{R}, \quad \kappa_z = \frac{\partial \varphi_z}{\partial \theta} \tag{1.4.28}$$

在大型可展天线工作中，环形桁架固结于展开臂之上，此时等效圆环模型的边界条件为

$$u_x(0,t) = u_x(2\pi,t) = 0 \tag{1.4.29a}$$

$$u_y(0,t) = u_y(2\pi,t) = 0 \tag{1.4.29b}$$

$$\varphi_z(0,t) = \varphi_z(2\pi,t) = 0 \tag{1.4.29c}$$

在上述边界条件下，对四阶偏微分方程组 (1.4.25) 解析求解较为困难。以往假定圆环中心线不可延伸，即圆环轴向应变 $\varepsilon_x = 0$，从而将位移 u_y 表示为 $u_y = \partial u_x/\partial\theta$，进而将方程组 (1.4.25) 转化为一个只含 u_x 的六阶偏微分方程，即

$$\frac{\partial^6 u_x}{\partial \theta^6} + 2\frac{\partial^4 u_x}{\partial \theta^4} + \frac{\partial^2 u_x}{\partial \theta^2} - \frac{R^4}{EI}\left(\frac{\partial q_y}{\partial \theta} - q_x\right) + \frac{\rho A R^4}{EI}\frac{\partial^2}{\partial t^2}\left(\frac{\partial^2 u_x}{\partial \theta^2} - u_x\right) = 0 \tag{1.4.30}$$

然后，采用分离变量法求解圆环的振动问题，并根据六阶偏微分方程特征根讨论偏微分方程解的不同形式。上述方法不仅求解过程复杂，而且需要将外载荷 q_y 对坐标 θ 求偏导数，若 q_y 为集中载荷，则这种求法十分繁琐。这里采用变量代换方法对四阶偏微分方程组进行降阶，再利用 Laplace 变换和 Green 函数法求解降阶之后的偏微分方程组，直接获得圆环在复频域下的动力响应。

首先，引入新变量将式 (1.4.25) 转化为一阶偏微分方程组，令

$$v_1 = \frac{\partial u_x}{\partial t}, \quad v_2 = \frac{\partial u_y}{\partial t}, \quad \eta_1 = \frac{\partial u_x}{R\partial \theta} - \frac{u_y}{R}, \quad \eta_2 = \frac{u_x}{R} + \frac{\partial u_y}{R\partial \theta},$$

$$\eta_3 = \frac{\partial \eta_2}{\partial \theta}, \quad \eta_4 = \frac{\partial \eta_3}{\partial \theta} \tag{1.4.31}$$

式中，v_1 和 v_2 分别为圆环沿切向和径向的速度，η_1 为圆环的轴向应变，η_2 为圆环绕 z 轴的转角，η_3 和 η_4 分别为圆环绕 z 轴弯曲之曲率及曲率的导数项。利用式 (1.4.31)，可将圆环运动方程 (1.4.25) 转换为

$$
\begin{cases}
\dfrac{\partial v_1}{\partial t} = k_1 \dfrac{\partial \eta_1}{\partial \theta} + k_2 \dfrac{\partial \eta_3}{\partial \theta} + \dfrac{q_x}{\rho A} \\[3mm]
\dfrac{\partial v_2}{\partial t} = k_1 \eta_1 - k_2 \dfrac{\partial \eta_4}{\partial \theta} + \dfrac{q_y}{\rho A} \\[3mm]
\dfrac{\partial \eta_1}{\partial t} = \dfrac{\partial v_1}{R \partial \theta} - \dfrac{v_2}{R} \\[3mm]
\dfrac{\partial \eta_2}{\partial t} = \dfrac{v_1}{R} + \dfrac{\partial v_2}{R \partial \theta} \\[3mm]
\eta_3 = \dfrac{\partial \eta_2}{\partial \theta} \\[3mm]
\eta_4 = \dfrac{\partial \eta_3}{\partial \theta}
\end{cases}
\tag{1.4.32}
$$

式中，$k_1 = \dfrac{EA}{\rho AR}$，$k_2 = \dfrac{EI_z}{\rho AR^3}$。利用式 (1.4.31)，圆环边界条件 (1.4.29) 成为

$$v_1(0, t) = v_1(2\pi, t) = 0 \tag{1.4.33a}$$

$$v_2(0, t) = v_2(2\pi, t) = 0 \tag{1.4.33b}$$

$$\eta_2(0, t) = \eta_2(2\pi, t) = 0 \tag{1.4.33c}$$

令向量 $\boldsymbol{x}(t, \theta) = \{v_1, v_2, \eta_1, \eta_2, \eta_3, \eta_4\}^{\mathrm{T}}$，可将方程组 (1.4.32) 表示为矩阵形式，再进行 Laplace 变换，有

$$\frac{\partial \hat{\boldsymbol{x}}(s, \theta)}{\partial \theta} = \boldsymbol{A}_1^{-1} \boldsymbol{A}_0 \hat{\boldsymbol{x}}(s, \theta) + \boldsymbol{A}_1^{-1} \hat{\boldsymbol{b}}(s, \theta) \tag{1.4.34}$$

式中，s 为复变量，符号 "^" 表示 Laplace 变换后的量，矩阵 $\boldsymbol{A}_1$ 和 $\boldsymbol{A}_0$ 分别为

$$
\boldsymbol{A}_1 = \begin{bmatrix}
0 & 0 & k_1 & 0 & k_2 & 0 \\
0 & 0 & 0 & 0 & 0 & -k_2 \\
1/R & 0 & 0 & 0 & 0 & 0 \\
0 & 1/R & 0 & 0 & 0 & 0 \\
0 & 0 & 0 & 1 & 0 & 0 \\
0 & 0 & 0 & 0 & 1 & 0
\end{bmatrix}
\tag{1.4.35}
$$

和

$$
\boldsymbol{A}_0 = \begin{bmatrix}
s & 0 & 0 & 0 & 0 & 0 \\
0 & s & -k_1 & 0 & 0 & 0 \\
0 & 1/R & s & 0 & 0 & 0 \\
-1/R & 0 & 0 & s & 0 & 0 \\
0 & 0 & 0 & 0 & 1 & 0 \\
0 & 0 & 0 & 0 & 0 & 1
\end{bmatrix}
\tag{1.4.36}
$$

向量 $\hat{\boldsymbol{b}}(s,\theta)$ 为

$$\hat{\boldsymbol{b}}(s,\theta) = -\left\{ v_1^0 + \frac{\hat{q}_x}{\rho A}, v_2^0 + \frac{\hat{q}_y}{\rho A}, \eta_1^0, \eta_2^0, 0, 0 \right\}^{\mathrm{T}} \tag{1.4.37}$$

式中，含上标 "0" 的量代表相应变量之初值。

相应地，对边界条件 (1.4.33) 作 Laplace 变换，并采用向量 $\hat{\boldsymbol{x}}$ 将其表示为矩阵形式，得

$$\boldsymbol{\Sigma}_0 \hat{\boldsymbol{x}}(s,0) + \boldsymbol{\Sigma}_1 \hat{\boldsymbol{x}}(s,2\pi) = \boldsymbol{0} \tag{1.4.38}$$

其中，边界选择矩阵 $\boldsymbol{\Sigma}_0$ 和 $\boldsymbol{\Sigma}_1$ 分别为

$$\boldsymbol{\Sigma}_0 = \begin{bmatrix} 1 & 0 & 0 & 0 & 0 & 0 \\ 0 & 1 & 0 & 0 & 0 & 0 \\ 0 & 0 & 0 & 1 & 0 & 0 \\ 0 & 0 & 0 & 0 & 0 & 0 \\ 0 & 0 & 0 & 0 & 0 & 0 \\ 0 & 0 & 0 & 0 & 0 & 0 \end{bmatrix}, \quad \boldsymbol{\Sigma}_1 = \begin{bmatrix} 0 & 0 & 0 & 0 & 0 & 0 \\ 0 & 0 & 0 & 0 & 0 & 0 \\ 0 & 0 & 0 & 0 & 0 & 0 \\ 1 & 0 & 0 & 0 & 0 & 0 \\ 0 & 1 & 0 & 0 & 0 & 0 \\ 0 & 0 & 0 & 1 & 0 & 0 \end{bmatrix} \tag{1.4.39}$$

因此，若将式 (1.4.34) 看作是关于 θ 的一阶常微分方程组，则在边界条件 (1.4.38) 下，采用 Green 函数方法，得

$$\hat{\boldsymbol{x}}(s,\theta) = \int_0^{2\pi} \boldsymbol{G}_r(s,\theta,\xi) \boldsymbol{A}_1^{-1} \hat{\boldsymbol{b}}(s,\xi) \mathrm{d}\xi \tag{1.4.40}$$

式中，$\boldsymbol{G}_r(s,\theta,\xi)$ 为微分方程组 (1.4.34) 的矩阵 Green 函数，可表示为 (Yang and Tan, 1992)

$$\boldsymbol{G}_r(s,\theta,\xi) = \begin{cases} -\boldsymbol{N}(s,\theta)\boldsymbol{\Sigma}_1 \boldsymbol{\Phi}(s,2\pi-\xi), & 0 \leqslant \theta \leqslant \xi \\ \boldsymbol{N}(s,\theta)\boldsymbol{\Sigma}_0 \boldsymbol{\Phi}(s,-\xi), & \xi \leqslant \theta \leqslant 2\pi \end{cases} \tag{1.4.41}$$

式中

$$\boldsymbol{\Phi}(s,\theta) = \exp(\boldsymbol{A}_1^{-1}\boldsymbol{A}_0\theta) \tag{1.4.42}$$

$$\boldsymbol{N}(s,\theta) = \boldsymbol{\Phi}(s,\theta) \left[\boldsymbol{\Sigma}_0 + \boldsymbol{\Sigma}_1 \boldsymbol{\Phi}(s,2\pi) \right]^{-1} \tag{1.4.43}$$

根据式 (1.4.40)，可以获得圆环上任意一点在复频域下的动响应，包括切向和径向速度 $\hat{v}_1$ 和 $\hat{v}_2$、轴向应变 $\hat{\eta}_1$ 及曲率改变量 $\hat{\eta}_2$。根据式 (1.4.31)，复频域下圆环位移响应为

$$\hat{u}_x = \frac{\hat{v}_1 + u_x^0}{s}, \quad \hat{u}_y = \frac{\hat{v}_2 + u_y^0}{s} \tag{1.4.44}$$

式中，u_x^0 和 u_y^0 分别为位移 u_x 和 u_y 之初值。进一步，通过 Laplace 逆变换得到圆环时域响应。

根据式 (1.4.43)，在一点处固支的圆环自由振动的特征值问题为

$$[\boldsymbol{\Sigma}_0 + \boldsymbol{\Sigma}_1 \boldsymbol{\Phi}(s, 2\pi)]\,\boldsymbol{\psi} = 0 \tag{1.4.45}$$

对应的特征方程为

$$\det[\boldsymbol{\Sigma}_0 + \boldsymbol{\Sigma}_1 \boldsymbol{\Phi}(s, 2\pi)] = 0 \tag{1.4.46}$$

解式 (1.4.46) 得到特征值 $s_n(n = 1, 2, \cdots)$，进而得到圆环第 n 阶固有频率 ω_n。将特征值 s_n 代入式 (1.4.45) 解出对应之特征向量 $\boldsymbol{\psi}_n$，从而得到圆环响应 $\boldsymbol{x}(t, \theta)$ 的第 n 阶振型向量为

$$\boldsymbol{X}_n(\theta) = \boldsymbol{\Phi}(s_n, \theta)\boldsymbol{\psi}_n \tag{1.4.47}$$

等效圆环的传递函数可通过单位脉冲响应获得。令圆环初始状态为零，在圆环内部任一点 ξ 处作用沿 x 方向或 y 方向的单位脉冲，则

$$\hat{\boldsymbol{b}}(s, \theta) = \left\{-\frac{\delta(\theta - \xi)}{\rho AR}, 0, 0, 0, 0, 0\right\}^{\mathrm{T}} \tag{1.4.48a}$$

或

$$\hat{\boldsymbol{b}}(s, \theta) = \left\{0, -\frac{\delta(\theta - \xi)}{\rho AR}, 0, 0, 0, 0\right\}^{\mathrm{T}} \tag{1.4.48b}$$

将式 (1.4.48) 代入式 (1.4.40)，获得圆环复频域响应

$$\hat{\boldsymbol{x}}(s, \theta) = \boldsymbol{G}_r(s, \theta, \xi)\boldsymbol{A}_1^{-1}\bar{\boldsymbol{b}} \tag{1.4.49}$$

其中

$$\bar{\boldsymbol{b}} = \left\{-\frac{1}{\rho AR}, 0, 0, 0, 0, 0\right\}^{\mathrm{T}} \tag{1.4.50a}$$

或

$$\bar{\boldsymbol{b}} = \left\{0, -\frac{1}{\rho AR}, 0, 0, 0, 0\right\}^{\mathrm{T}} \tag{1.4.50b}$$

继而得到圆环模型之传递函数

$$\boldsymbol{G}(s, \theta, \xi) = \boldsymbol{G}_r(s, \theta, \xi)\boldsymbol{A}_1^{-1}\bar{\boldsymbol{b}} \tag{1.4.51}$$

1.5　算　例

1.5.1　无约束环形桁架结构

以图 1.5.1 所示环形可展开天线中的环形桁架结构为例，该结构由 30 个平面桁架单元组成，桁架口径 D =12m、高 H =2m。桁架中各构件采用碳纤维管制作，构件外径 40mm、内径 34mm、弹性模量 E =235GPa、泊松比 ν =0.3、密度 ρ =1720kg/m^3。齿轮副和铰链关节质量分别为 m_1 =0.4kg 和 m_2 =0.3kg。分析环形桁架结构、等效一维环形梁模型，以及等效圆环模型的固有振动，通过三种模型固有振动之对比，验证动力学等效方法的正确性及采用等效圆环模型的可行性。

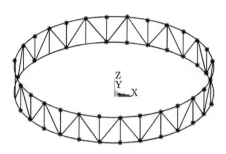

图 1.5.1　环形桁架结构有限元模型

环形桁架结构采用 ANSYS 有限元模型，桁架中各构件均采用 Beam4 空间梁单元模拟，关节采用 Mass21 质量单元，如图 1.5.1 所示。等效后的一维环形梁结构采用自编的考虑剪切变形及材料各向异性的空间梁单元有限元程序进行校核。无约束状态下的环形桁架结构非刚体模态如图 1.5.2 所示。

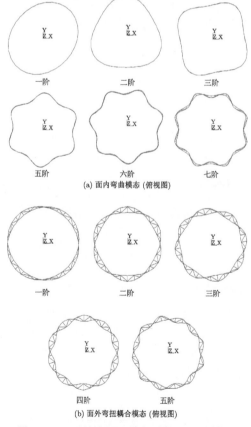

图 1.5.2　无约束环形桁架结构非刚体模态

从图 1.5.2 可以看出，环形桁架具有与圆环相似的面内弯曲振动模态和面外弯扭耦合振动模态。不同的是，由于环形桁架周期单元存在轴向拉伸与面外竖向剪切之间的相互耦合，以及面内弯曲与面外扭转之间的相互耦合，使得环形桁架结构面内振动模态与面外振动模态之间存在相互耦合。对于环形桁架的低阶模态，这种面内与面外振动相互耦合的现象并不明显，而对于环形桁架的高阶模态，面内与面外振动的相互耦合较为明显。这里根据各阶模态的主导变形成分，仍然将环形桁架结构的模态分为面内弯曲模态和面外弯扭耦合模态。

无约束情形的环形桁架结构、等效环形梁结构、等效圆环模型非刚体模态的固有频率如表 1.5.1 所示，其中误差定义为

$$误差 = \frac{f_i - f_i^o}{f_i^o} \times 100\% \tag{1.5.1}$$

这里，f_i^o 表示环形桁架结构的第 i 阶固有频率，f_i 表示一维环形梁模型或等效圆环模型的第 i 阶固有频率。从表 1.5.1 可见，采用动力学等效方法得到的一维环形梁的固有频率与原环形桁架结构的固有频率很接近，其中面内振动模态前七阶固有频率的误差均在 5% 以内，面外振动模态前五阶固有频率的误差在 7% 以内。等效圆环模型固有频率与原环形桁架结构固有频率亦很接近。

图 1.5.3 给出了等效圆环模型与环形桁架结构振型值之比较，其中环形桁架振型值取有限元模型关节处所有节点的径向、切向和竖向位移值。相应地，等效圆环模型振型值取圆环高度为 $z = H/2$ 处点的位移值。

表 1.5.1 无约束环形桁架结构与等效模型固有频率之比较

	阶次	环形桁架/Hz	等效环形梁/Hz	误差/%	等效圆环/Hz	误差/%
面内弯曲模态	1	1.129	1.100	−2.57	1.124	−0.44
	2	3.189	3.110	−2.48	3.179	−0.31
	3	6.098	5.960	−2.26	6.095	−0.05
	4	9.819	9.630	−1.92	9.857	0.39
	5	14.299	14.100	−1.39	14.459	1.12
	6	19.423	19.320	−0.53	19.901	2.46
	7	24.617	24.753	0.55	26.182	6.36
面外弯扭耦合模态	1	2.833	2.875	1.48	2.950	4.13
	2	8.349	8.304	−0.54	8.524	2.10
	3	14.323	13.881	−3.09	14.232	−0.64
	4	20.094	18.924	−5.82	19.410	−3.40
	5	25.186	23.471	−6.81	24.229	−3.80

从图 1.5.3 可以看出，对于环形桁架结构的面内振动，等效圆环模型计算得到的前六阶振型值与环形桁架结构十分吻合，其中等效圆环模型第七阶振型值与环形桁架结构振型值存在一定差别。对于环形桁架结构的面外振动，亦有类似结论。

　　进一步，采用模态置信准则 (MAC) 定量检验等效圆环模型与环形桁架结构之振型值。这里 MAC 值定义为

$$\mathrm{MAC}(\boldsymbol{\varphi}_i, \boldsymbol{\psi}_i) = \frac{\left|\boldsymbol{\varphi}_i^{\mathrm{T}} \boldsymbol{\psi}_i\right|^2}{(\boldsymbol{\varphi}_i^{\mathrm{T}} \boldsymbol{\varphi}_i)(\boldsymbol{\psi}_i^{\mathrm{T}} \boldsymbol{\psi}_i)} \tag{1.5.2}$$

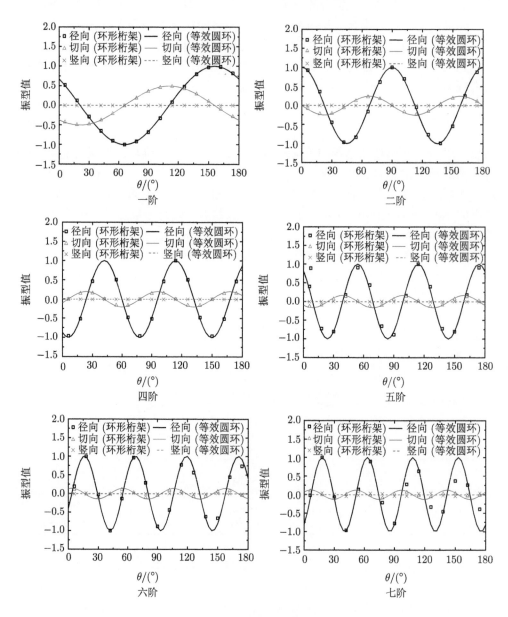

(a) 面内振动模态

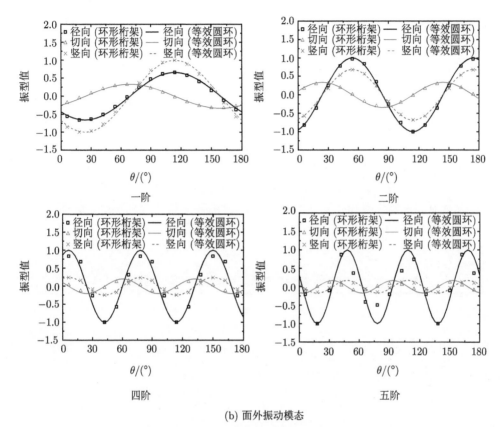

(b) 面外振动模态

图 1.5.3　环形桁架与等效圆环振型值比较

式中，φ_i 为环形桁架结构的第 i 阶模态，ψ_i 为等效圆环模型的第 i 阶模态。MAC
值计算结果如表 1.5.2 所示。可以看出，对于环形桁架结构面内振动前六阶模态

表 1.5.2　等效圆环模型与环形桁架结构振型之间的 MAC 值

	阶次	径向位移	环向位移	竖向位移
	1	0.9996	0.9996	—
	2	0.9940	0.9940	—
	3	0.9967	0.9968	—
面内弯曲振动	4	0.9991	0.9994	—
	5	0.9795	0.9811	—
	6	0.9805	0.9855	—
	7	0.8401	0.7761	—
	1	0.9990	0.9990	0.9990
	2	0.9969	0.9971	0.9971
面外弯扭耦合振动	3	0.9944	0.9955	0.9955
	4	0.8972	0.9036	0.9044
	5	0.8882	0.9585	0.9885

及面外振动前三阶模态，等效圆环模型与环形桁架结构振型之 MAC 值均十分接近 1，说明对于无约束环形桁架的低阶振动模态，采用等效圆环模型的振型来近似环形桁架结构的振型是可行的。

1.5.2　含约束环形桁架结构

采用 1.4 节中的算例模型，假设环形桁架结构固结于刚性展开臂上，首先对环形桁架结构与等效圆环模型径向振动之固有振动特性进行比较，其中环形桁架结构采用 ANSYS 有限元进行分析，等效圆环模型固有频率和固有振型由式 (1.4.46) 和式 (1.4.47) 计算得到。表 1.5.3 列出了前九阶固有频率计算结果。

从表 1.5.3 可以看出，对于含约束的环形桁架结构的径向振动，采用等效圆环模型计算出的前九阶固有频率与环形桁架结构有限元计算结果非常接近，误差均在 1% 以内。

表 1.5.3　含约束环形桁架与等效圆环模型径向振动固有频率比较

阶次	环形桁架/Hz	等效圆环/Hz	误差/%
1	0.238	0.237	−0.42
2	0.671	0.667	−0.60
3	1.422	1.417	−0.35
4	2.416	2.409	−0.29
5	3.644	3.636	−0.22
6	5.081	5.076	−0.10
7	6.734	6.736	0.03
8	8.576	8.601	0.29
9	10.623	10.680	0.54

图 1.5.4 给出了固支于展开臂上的环形桁架结构前九阶径向振动的固有振型。可以看出，环形桁架结构表现出与圆环相似的径向振动模态。由于组成环形桁架结构的平面桁架单元存在面外弯曲–扭转耦合变形，在高阶固有振型中环形桁架结构产生了一定程度的径向弯曲–扭转耦合变形，尤其在第七阶模态中比较明显。

进一步，通过式 (1.4.51) 计算等效圆环模型传递函数，并与环形桁架结构有限元模型采用模态叠加法得到的传递函数进行比较。在图 1.4.2 所示环形桁架结构上 A 点 (为不激起环形桁架结构竖向弯扭耦合振动，将 A 点选在 $\theta = \pi/15$ 的竖杆中点处)，作用一个沿径向的集中力 F，两种模型计算出的传递函数如图 1.5.5 所示。

图 1.5.5(a) 为 A 点作用力与环形桁架上 B 点 (位于 $\theta = \pi/2$ 的横杆上) 的径向位移之间的传递函数；图 1.5.5(b) 为 A 点作用力与环形桁架上 C 点 (位于 $\theta = \pi$ 的横杆上) 的切向位移之间的传递函数。从图 1.5.5 可以看出，在前九阶固有模态所在频率范围内，等效圆环模型与环形桁架结构有限元模型得到的传递函

数吻合较好。由于环形桁架结构径向弯曲振动与竖向弯扭振动之间存在一定的耦合，而等效圆环模型未考虑这种耦合效应，以致环形桁架结构传递函数曲线比圆环传递函数曲线多出了某些峰值。

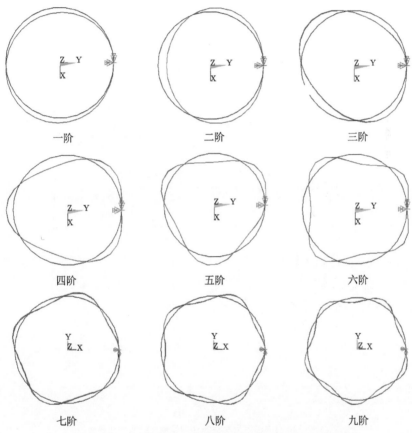

图 1.5.4   含约束环形桁架结构径向振动模态 (俯视图)

本章针对可展开天线中的桁架结构，同时考虑桁架单元面内和面外变形，基于能量等效原理将其等效为空间各向异性梁模型，得到了等效梁单元的刚度参数和质量参数之解析表达式。针对各向异性梁模型，推导了单元刚度矩阵和单元质量矩阵，并对等效后的一维环形梁结构进行了有限元分析。在忽略等效梁模型各向异性的情况下，研究了环形桁架结构的等效弹性圆环模型。最后，通过数值算例验证了上述结构动力学等效方法的正确性及采用等效圆环模型的可行性。

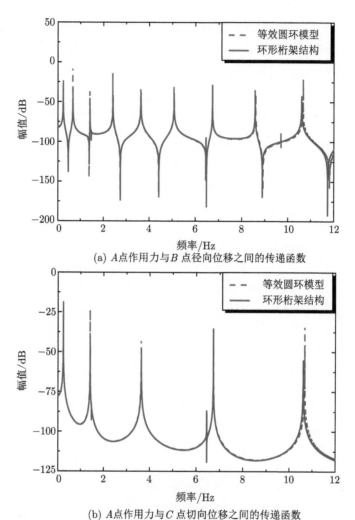

(a) A点作用力与 B 点径向位移之间的传递函数

(b) A点作用力与 C 点切向位移之间的传递函数

图 1.5.5　环形桁架与等效圆环模型传递函数比较

第 2 章　索网结构动力学等效建模

大型空间可展开天线往往带有网状反射面，抛物面索网结构作为可展开天线网状反射面的支撑结构，其型面精度及力学性能的优劣对整个天线的工作性能至关重要。以往对于一些结构形式较为简单的索网结构，人们基于薄膜等效方法来获得一些解析结果，大大简化了此类索网结构的计算分析过程。然而，网状可展开天线结构也被设计成一些比较复杂的形式，像三向抛物面索网、准测地线索网等。如何通过薄膜等效方法建立复杂形式的索网结构连续体动力学模型，目前尚无这方面的研究。

本章将能量等效原理用于三向抛物面索网结构，将其等效为一个张拉抛物面薄膜，并对原索网结构和等效薄膜结构固有振动进行了对比分析，验证了等效模型的正确性。

2.1　抛物面索网结构找形分析

对于可展开索网天线，它的反射面是通过在支撑索网结构上铺覆金属丝网拟合反射面而成，主要支撑结构是抛物面索网结构，其设计优劣对整个天线的形面精度起决定性作用。通常，网状天线所采用的索网类型有三种，如图 2.1.1 所示。这些网格形式各有其优缺点：辐射状索网工艺相对简单，但网面最大应力与最小应力的比值较大；准测地线索网受力性能优于辐射状索网；三向索网相对复杂，但其力学性能在以上三种索网中最优。

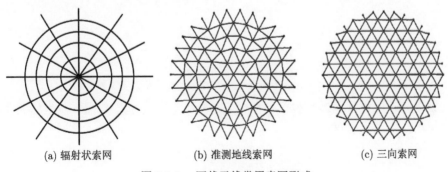

　　(a) 辐射状索网　　　　　　(b) 准测地线索网　　　　　　(c) 三向索网

图 2.1.1　网状天线常用索网形式

索网结构不同于一般结构，由于组成索网结构的拉索本身不具有弯曲刚度和形状，因此索网结构在自然状态下不具有保持固有形状和承载的能力，只有对拉索施加预应力后才能获得结构承载所需刚度和形状。因此，索网结构设计要寻求满足构型和功能并与某种自平衡预应力分布状态相对应的结构几何形状，在此基础上进行结构的静动力荷载分析。索网结构初始平衡构型确定的方法主要有力密度法、动力松弛法、非线性有限元法等。本章采用力密度法对抛物面索网结构进行找形分析，作为后续抛物面索网结构等效动力学建模的基础。

2.1.1　索网结构力密度法

Linkwitz 和 Schek(1971) 提出了用于对索网结构进行找形分析的一种方法——力密度法。随后经 Schek(1974)、Grundig(1988) 等的发展和完善，目前已经成为索膜结构找形分析的主要方法之一。

假设索网结构有 m 个索单元，n_s 个节点，其中自由节点数为 n，固定节点数为 n_f，$n_s = n + n_f$。任取其中一个自由节点 i 及周围相连索单元，如图 2.1.2 所示。根据力平衡关系，节点 i 的静力平衡方程为

$$\sum T_k \frac{x_i - x_j}{l_k} = F_{xi}, \quad \sum T_k \frac{y_i - y_j}{l_k} = F_{yi}, \quad \sum T_k \frac{z_i - z_j}{l_k} = F_{zi} \qquad (2.1.1)$$

式中，T_k 和 l_k 分别为连接 i 和 j 节点的第 k 个索单元的预张力和长度，(x_i, y_i, z_i) 和 (x_j, y_j, z_j) 分别为索网节点 i 和 j 在总体坐标系下的坐标，F_{xi}、F_{yi} 和 F_{zi} 分别为节点 i 上所受的沿 x、y 和 z 方向的外力。

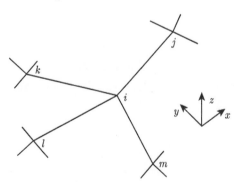

图 2.1.2　索网节点拓扑图

索单元长度是索网节点坐标的函数，故式 (2.1.1) 是关于索网节点坐标的非线性方程组。引入力密度

$$q_k = \frac{T_k}{l_k} \qquad (2.1.2)$$

则式 (2.1.1) 转化为

$$\sum (x_i - x_j) q_k = F_{xi}, \quad \sum (y_i - y_j) q_k = F_{yi}, \quad \sum (z_i - z_j) q_k = F_{zi} \qquad (2.1.3)$$

当力密度为常数时，式 (2.1.3) 是关于索网节点坐标的线性方程组。

当引入拓扑矩阵 C_s 来描述索网单元和节点间的拓扑关系时，式 (2.1.3) 成为矩阵形式。定义拓扑矩阵

$$C_s(k,q) = \begin{cases} 1, & q = \min(i,j) \\ -1, & q = \max(i,j) \\ 0, & \text{其他情况} \end{cases} \tag{2.1.4}$$

式中，矩阵 C_s 为 $m \times n_s$ 阶矩阵，C_s 的第 k 行对应索网结构中的第 k 个索单元。若将自由节点排列在固定节点之前，C_s 又可以拆分为自由节点拓扑矩阵和固定节点拓扑矩阵：$C_s = [C \; C_f]$，其中 C 和 C_f 分别为 $m \times n$ 阶和 $m \times n_f$ 阶的矩阵。

令 x_s、y_s 和 z_s 分别为索网上所有节点 x、y 和 z 坐标构成的坐标向量，则可利用拓扑矩阵将索单元两端节点的坐标差表示为

$$u = C_s x_s, \quad v = C_s y_s, \quad w = C_s z_s \tag{2.1.5}$$

进一步，将坐标向量分为自由节点的坐标向量 x、y 和 z 及固定节点的坐标向量 x_f、y_f 和 z_f，则式 (2.1.5) 可以写成

$$u = Cx + C_f x_f, \quad v = Cy + C_f y_f, \quad w = Cz + C_f z_f \tag{2.1.6}$$

利用坐标差向量，式 (2.1.3) 表示的索网上各个节点的静力平衡方程可以联立写成矩阵形式

$$C^{\mathrm{T}} U q = F_x, \quad C^{\mathrm{T}} V q = F_y, \quad C^{\mathrm{T}} W q = F_z \tag{2.1.7}$$

式中，U、V 和 W 分别为 u、v 和 w 的对角化矩阵，q 为索单元的力密度列向量，F_x、F_y 和 F_z 为节点外荷载向量。

定义 Q 为力密度向量 q 的对角化矩阵，则

$$Uq = Qu, \quad Vq = Qv, \quad Wq = Qw \tag{2.1.8}$$

将式 (2.1.6) 和式 (2.1.8) 代入式 (2.1.7)，得到索网结构力密度法找形分析的基本方程

$$\begin{cases} Dx = F_x - D_f x_f \\ Dy = F_y - D_f y_f \\ Dz = F_z - D_f z_f \end{cases} \tag{2.1.9}$$

式中，$D = C^{\mathrm{T}} Q C$，$D_f = C^{\mathrm{T}} Q C_f$。对于张拉索网结构而言，认为力密度向量中所有元素均大于零，则 D 为正定矩阵。可见，在给定索网结构拓扑关系、约束条

件和外部荷载的情况下，选取一组力密度值，对线性方程组 (2.1.9) 进行求解，便可计算出索网内部自由节点在平衡状态下的坐标，进而计算出索单元的长度，再用式 (2.1.2) 求出平衡时的张力。

2.1.2　等力密度法索网结构找形

针对环形可展开天线中的三向抛物面索网结构，其在平衡状态的形状为标准抛物面索网，如图 2.1.3 所示。

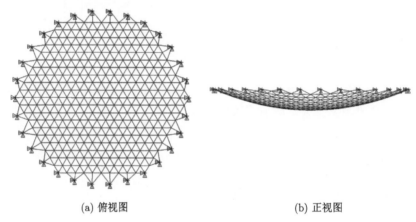

(a) 俯视图　　　　　　　　　　　　(b) 正视图

图 2.1.3　理想状态三向抛物面索网

在 Cartesian 坐标系下，该抛物面的型面方程为

$$z = \frac{x^2 + y^2}{4f} \tag{2.1.10}$$

式中，f 为抛物面的焦距。在平衡状态下，索网节点坐标应满足式 (2.1.10) 的约束条件。因此，对抛物面索网结构的找形分析便成为寻找索网中各个索段的一组预拉力，以使整个索网在边界条件约束下处于平衡状态时达到设计所要求的网面精度。此外，抛物面索网结构设计要求尽可能使同一网面中及张力阵中的预拉力分布均匀，即索段最大拉力与最小拉力的比值尽可能小。因此，对抛物面索网结构找形分析成为满足上述两个约束条件下的非线性方程组 (2.1.9) 的求解问题，通常须采用增量迭代解法。然而，对于索单元数目众多的索网结构，通过迭代求解寻找一组满足条件的力密度向量往往很困难。

Liu 和 Li(2013) 提出了一种基于等力密度准则进行抛物面索网结构找形的简便方法，即对整个索网结构采用相同的力密度，则力密度向量 $\boldsymbol{q} = q_d\{1,1,\cdots,1\}^{\mathrm{T}}$，这里 q_d 为力密度系数。对于环形桁架天线结构，抛物面索网的节点上仅受到张力索的竖向拉力，可认为索节点上沿 x 和 y 方向的外荷载向量为零，即 $\boldsymbol{F}_x =$

$F_y = 0$，则由式 (2.1.9) 便可解出索网上各个自由节点的 x 和 y 坐标，即

$$x = -D^{-1}D_f x_f, \quad y = -D^{-1}D_f y_f \qquad (2.1.11)$$

将上述各个自由节点的坐标代入到抛物面方程 (2.1.10) 中，则可得到自由节点的 z 坐标向量。利用力密度向量，计算出抛物面索网中各个索段的张力为

$$T = Ql \qquad (2.1.12)$$

式中，$l = \{l_1, \ l_2, \ \cdots, \ l_m\}^{\mathrm{T}}$ 为索网的长度向量。对于第 k 个索段，$l_k = \sqrt{(x_i - x_j)^2 + (y_i - y_j)^2 + (z_i - z_j)^2}$。根据式 (2.1.9) 的第三式，竖向张力索的张力为

$$T_v = F_z = Dz + D_f z_f \qquad (2.1.13)$$

2.2 抛物面索网结构动力学等效

2.2.1 索网结构与薄膜等效

考虑图 2.1.3 所示的三向抛物面索网结构，除边索以外，其内部网格的平面投影为正三角形。董石麟和钱若军 (2000) 研究了同样是平面投影为正三角形的三向球形网壳结构的连续体等效问题，指出其等效模型为各向同性壳。与之类似，这里将三向抛物面索网结构等效为一个具有均匀张拉力的各向同性的抛物面薄膜，基于能量等效原理确定等效薄膜的刚度和质量参数。等效抛物面薄膜的力学模型及坐标系如图 2.2.1 所示。

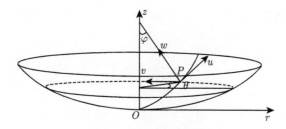

图 2.2.1 等效抛物面薄膜

对于抛物面薄膜，在抛物面顶点处建立柱坐标系 (r, θ, z)，则抛物面的几何方程为

$$z = \frac{r^2}{4f}, \quad 0 \leqslant r \leqslant D/2 \qquad (2.2.1)$$

式中，D 为抛物面的口径。根据抛物面薄膜的几何特点，这里采用正交曲线坐标系来描述薄膜的变形，即取抛物面的经线、纬线和法线作为正交曲线坐标系的坐

标线。经线和纬线的交点确定了抛物面上的 P 点，纬线坐标由中面在该点法线与 z 轴的夹角 φ 决定；经线的坐标由纬线平面内该点所在半径与指定起算半径之间的夹角 θ 决定。P 点沿经线、纬线和法线方向的位移分别用 u、v 和 w 表示。

2.2.2　抛物面薄膜的能量

振动时的预应力薄膜结构总应变能包括薄膜弹性变形产生的应变能 U_{m1} 和预应力在弹性变形上产生的应变能 U_{m2} 两部分。采用旋转壳的膜理论 (Ventsel and Krauthammer, 2001)，抛物面薄膜的应变能为

$$U_{m1} = \int_\varphi \int_\theta \frac{E_m h}{2(1-\nu^2)} \left[(\varepsilon_1 + \varepsilon_2)^2 + 2(1-\nu)\left(\frac{\gamma_{12}^2}{4} - \varepsilon_1 \varepsilon_2 \right) \right] R_1 R_2 \sin\varphi \mathrm{d}\varphi \mathrm{d}\theta \tag{2.2.2}$$

$$U_{m2} = \int_\varphi \int_\theta (N^0 \varepsilon_1 + N^0 \varepsilon_2) R_1 R_2 \sin\varphi \mathrm{d}\varphi \mathrm{d}\theta \tag{2.2.3}$$

式中，E_m 和 ν 分别为等效薄膜的弹性模量和泊松比，h 为薄膜的厚度，N^0 为薄膜的均匀张拉力，ε_1、ε_2 和 γ_{12} 分别为薄膜中面内沿经线和纬线方向的正应变及剪切应变，R_1 和 R_2 分别为抛物面薄膜沿经线和纬线方向的曲率半径，可以表示为 (Zingoni, 1997)

$$R_1 = \frac{(1 + z_{,r}^2)^{3/2}}{z_{,rr}}, \quad R_2 = \frac{r(1 + z_{,r}^2)^{1/2}}{z_{,r}} \tag{2.2.4}$$

式中，$z_{,r} = \dfrac{\partial z}{\partial r}$，$z_{,rr} = \dfrac{\partial^2 z}{\partial r^2}$。

对于抛物面薄膜的小幅振动，根据旋转壳的线性振动理论，可以将中面应变表示为

$$\varepsilon_1 = \frac{1}{R_1} \frac{\partial u}{\partial \varphi} - \frac{w}{R_1} \tag{2.2.5}$$

$$\varepsilon_2 = \frac{u \cot\varphi}{R_2} + \frac{1}{R_2 \sin\varphi} \frac{\partial v}{\partial \theta} - \frac{w}{R_2} \tag{2.2.6}$$

$$\gamma_{12} = \frac{1}{R_2 \sin\varphi} \frac{\partial u}{\partial \theta} + \frac{1}{R_1} \frac{\partial v}{\partial \varphi} - \frac{v \cot\varphi}{R_2} \tag{2.2.7}$$

考虑到大型空间可展开天线中使用的抛物面索网通常较扁，其等效薄膜为一扁薄膜。对于扁薄膜，类似于平板，其法向位移 w 远大于中面位移 u 和 v。因此，在计算抛物面薄膜的中面应变 ε_1 和 ε_2 时，忽略中面内位移产生的变形，只计法向位移，则

$$\varepsilon_1 = -\frac{w}{R_1} \tag{2.2.8}$$

$$\varepsilon_2 = -\frac{w}{R_2} \tag{2.2.9}$$

此外，中面位移 (u,v) 产生的薄膜中面内的剪切变形 γ_{12} 很小，故在计算应变能时忽略不计。

对于抛物面薄膜的自由振动，设法向位移为

$$w = W(r, \theta)\sin\omega t \tag{2.2.10}$$

式中，$W(r, \theta)$ 和 ω 分别为抛物面薄膜的振型函数和固有频率。这里采用圆形平面薄膜的振型函数 (Rao, 2007) 来近似 $W(r, \theta)$。对于扁抛物面薄膜，这样的近似可以认为是合理的，则

$$W(r, \theta) = J_n(\omega r)(C_{1n}\cos n\theta + C_{2n}\sin n\theta), \quad n = 0, 1, 2, \cdots \tag{2.2.11}$$

式中，n 是薄膜振型的环向波数，C_{1n} 和 C_{2n} 是与 n 有关的任意实常数。$J_n(\omega r)$ 称为 n 阶第一类 Bessel 函数，可表示为

$$J_n(\omega r) = \sum_{i=0}^{\infty} \frac{(-1)^i}{i!\Gamma(n+i+1)}\left(\frac{\omega r}{2}\right)^{n+2i} \tag{2.2.12}$$

对于应变能计算式 (2.2.2) 和式 (2.2.3) 中的二重积分，可以先由式 (2.2.18) 和式 (2.2.19) 求出薄膜上各个积分点处的应变值，再采用数值积分方法进行计算。为方便计算，可利用旋转曲面的几何关系式

$$R_2\sin\varphi = r, \quad \frac{\mathrm{d}r}{\mathrm{d}\varphi} = R_1\cos\varphi \tag{2.2.13}$$

将式 (2.2.2) 和式 (2.2.3) 统一转换到极坐标系下进行，则

$$U_{m1} = \frac{E_m h}{2(1-\nu^2)}\int_r\int_\theta (\varepsilon_1^2 + \varepsilon_2^2 + 2\nu\varepsilon_1\varepsilon_2)\frac{r}{\cos\varphi}\mathrm{d}r\mathrm{d}\theta \tag{2.2.14}$$

$$U_{m2} = \int_r\int_\theta (N_1^0\varepsilon_1 + N_2^0\varepsilon_2)\frac{r}{\cos\varphi}\mathrm{d}r\mathrm{d}\theta \tag{2.2.15}$$

式中，$\cos\varphi = \dfrac{2f}{\sqrt{4f^2 + r^2}}$。

忽略薄膜中面因位移产生的动能，则抛物面薄膜自由振动的动能可以表示为

$$T_m = \frac{1}{2}\int_r\int_\theta \rho_m h\left(\frac{\partial w}{\partial t}\right)^2\frac{r}{\cos\varphi}\mathrm{d}r\mathrm{d}\theta \tag{2.2.16}$$

式中，ρ_m 为等效薄膜的密度。将式 (2.2.10) 代入式 (2.2.16)，得

$$T_m = \frac{1}{2}\rho_m h\omega^2\sin^2\omega t\int_r\int_\theta W^2\frac{r}{\cos\varphi}\mathrm{d}r\mathrm{d}\theta \tag{2.2.17}$$

2.2.3　抛物面索网的能量

计算抛物面索网结构自由振动的应变能和动能时，认为索网结构与等效薄膜具有相同的固有频率和振型函数，故抛物面索网自由振动时节点的法向位移也可以采用式 (2.2.10) 表示。与张拉薄膜的结构相同，张拉索网结构的总应变能亦包括索的弹性变形产生的应变能 U_{c1} 和预应力在索弹性变形上产生的应变能 U_{c2} 两部分，即

$$U_{c1} = \frac{1}{2} \sum_{i=1}^{\text{Num}} E_c A_i \varepsilon_i^2 l_i \tag{2.2.18}$$

$$U_{c2} = \sum_{i=1}^{\text{Num}} \sigma_i^0 A_i \varepsilon_i l_i \tag{2.2.19}$$

式中，E_c 为索的弹性模量，A_i 和 l_i 分别为第 i 个索段的横截面面积和长度，σ_i^0 为第 i 个索段的张拉应力，ε_i 为索网振动引起的第 i 个索段的拉应变，Num 为索网中总的索段数目。索段的应变为

$$\varepsilon_i = \frac{l_i' - l_i}{l_i} \tag{2.2.20}$$

式中，l_i' 为第 i 个索段在变形后的长度，可由该索段在变形前后的两端节点的坐标计算，分别为

$$l_i = \sqrt{(x_{i2} - x_{i1})^2 + (y_{i2} - y_{i1})^2 + (z_{i2} - z_{i1})^2} \tag{2.2.21}$$

和

$$l_i' = \sqrt{(x_{i2}' - x_{i1}')^2 + (y_{i2}' - y_{i1}')^2 + (z_{i2}' - z_{i1}')^2} \tag{2.2.22}$$

式中，(x_{ik}, y_{ik}, z_{ik}) 和 $(x_{ik}', y_{ik}', z_{ik}')(k=1,2)$ 分别为第 i 个索段两端节点在变形前和变形后的坐标。由于只考虑索网节点的法向位移，故

$$x_{ik}' = x_{ik} - w_{ik} \sin \varphi_{ik} \cos \theta_{ik} \tag{2.2.23a}$$

$$y_{ik}' = y_{ik} - w_{ik} \sin \varphi_{ik} \sin \theta_{ik} \tag{2.2.23b}$$

$$z_{ik}' = z_{ik} + w_{ik} \cos \varphi_{ik} \tag{2.2.23c}$$

式中，w_{ik} 为第 i 个索段端点 k 的法向位移，可通过将该点的极坐标 (r,θ) 代入薄膜的法向位移表达式 (2.2.10) 得到。

在计算索网中各个索段的动能时，采用集中质量法，将单个索段的质量平均分配到索段两端的节点上，再根据两端节点处的速度求解索段的动能。第 i 个索段的动能为

$$T_{ci} = \frac{1}{2} \frac{\rho_c A_i l_i}{2} \left[\left(\frac{\partial w_{i1}}{\partial t}\right)^2 + \left(\frac{\partial w_{i2}}{\partial t}\right)^2 \right] \tag{2.2.24}$$

式中，ρ_c 为索的质量密度。将式 (2.2.10) 代入式 (2.2.24)，并对索网中各个索段的动能求和，获得索网的总动能

$$T_c = \frac{1}{2}\rho_c\omega^2\sin^2\omega t\sum_{i=1}^{\text{Num}}\frac{A_il_i}{2}(W_{i1}^2 + W_{i2}^2) \tag{2.2.25}$$

2.2.4　动力学等效方法

根据能量等效原则，使抛物面索网和等效薄膜在自由振动时具有相同的应变能和动能，便可确定等效薄膜的刚度和质量参数。对于包含预应力的结构，在进行应变能的等效时，将预应力在弹性变形上产生的应变能和弹性变形自身产生的应变能分别等效，从而有

$$U_{m1} = U_{c1} \tag{2.2.26}$$

$$U_{m2} = U_{c2} \tag{2.2.27}$$

对于三向抛物面索网结构，类似于三向网壳结构的连续体等效，这里取等效薄膜的泊松比为 $v = 1/3$。将薄膜和索网的应变能代入式 (2.2.26) 和式 (2.2.27)，便可计算出等效薄膜的拉伸刚度 E_mh 和张拉力 N^0。

根据抛物面索网与等效薄膜自由振动时动能的等效，有

$$T_m = T_c \tag{2.2.28}$$

将薄膜和索网的动能代入式 (2.2.28)，便可确定等效薄膜单位面积质量 ρ_mh。

2.3　算　　例

以图 2.1.3 所示三向抛物面索网为例，该结构共由 1002 个索段组成，含 30 个边界结点和 325 个内部结点。考虑索网边界节点固定，首先对其进行找形分析，然后基于找形后的索网模型进行薄膜等效，进而对索网结构和等效薄膜模型的固有振动进行对比分析。

索网结构参数如下：口径 $D = 12\text{m}$，焦距与口径比 $f/D = 0.6$；索网材料弹性模量 $E_c = 124\text{GPa}$，密度 $\rho_c = 1450\text{kg/m}^3$，各索段的直径均为 1mm。采用等力密度法对索网结构进行找形分析时，取力密度系数 $q_d = 50\text{N/m}$。

找形得到的索网形面如图 2.3.1 所示，物面索网和竖向张力索中的索力分布如图 2.3.2 所示。从图 2.3.2 可以看出，抛物面索网中的索力主要集中在 30N 附近，而竖向张力索中的索力主要集中在 3.6N 附近，两者的索力分布都比较均匀。另外，抛物面索网中最大张力为 51.24N，最小张力为 24.83N，最大张力比为 2.0636。竖向张力索的最大张力为 6.077N，最小张力为 2.861N，最大张力比为 2.1241。

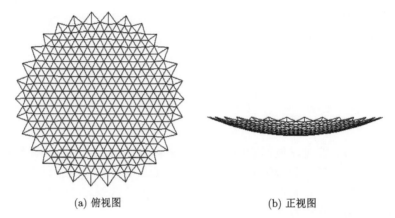

(a) 俯视图   (b) 正视图

图 2.3.1　等力密度法找形得到的索网形面

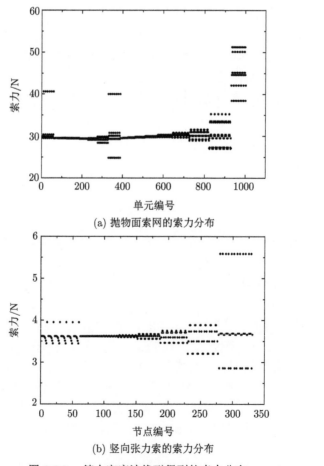

(a) 抛物面索网的索力分布

(b) 竖向张力索的索力分布

图 2.3.2　等力密度法找形得到的索力分布

　　为了验证找形结果的正确性，根据找形得到的索网形面和索力分布建立索网结构的有限元模型，对索网结构进行静力分析。若索网上各节点的位移在规定的数值误差范围内，即可认为整个结构处于平衡状态且索网各节点位于理想的抛物面上。这里采用 ANSYS 建立抛物面索网的有限元模型，索单元采用 Link10 单元模拟，每一个索段为一个单元，整个模型共 355 个节点，1002 个单元。将索网的预张力转换为索单元的初应变，再将竖向张力索的索力作为竖向拉力施加在抛物面索网的内部节点上，对索网结构进行静力计算，结果如图 2.3.3 所示。

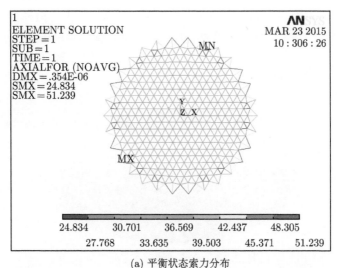

(a) 平衡状态索力分布

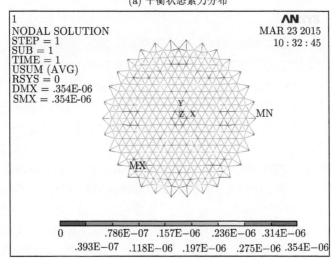

(b) 索节点位移

图 2.3.3　索网有限元模型静力计算结果

从图 2.3.3(a) 可以看出，抛物面索网的有限元模型在静力计算后得到的索力与计算前施加的预张力相比基本没有变化，索网的最大和最小索力出现在靠近边界的索单元上，而内部索单元的张力分布十分均匀。根据图 2.3.3(b)，索网节点的最大位移为 0.354×10^{-6}m。可以认为，采用等力密度方法找形计算得到的索网预张力和索网构型可以使索网结构处于平衡状态且索网张力分布均匀。

为了验证上述等效方法的正确性，采用 ANSYS 分别对原索网结构和等效薄膜结构的固有振动进行分析，比较二者的固有频率和固有振型，这里索网结构的固有振动分析在上述静力分析后的模型基础上进行。等效薄膜的有限元模型如图 2.3.4 所示，薄膜边界固定。薄膜采用 Shell41 单元模拟，沿径向划分 36 个单元，沿环向划分 72 个单元，共 2592 个单元。为了模拟薄膜在充气压力作用下形成理想的抛物面形状且具有均匀的预应力分布，建立模型时直接按照最终理想的抛物面形状建立薄膜的几何模型，通过降温方法给薄膜施加均匀预张力。

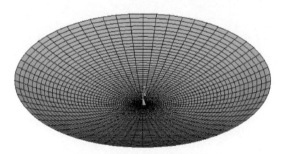

图 2.3.4　抛物面薄膜有限元模型

表 2.3.1 比较了抛物面索网结构与等效薄膜模型共 20 阶模态的固有频率，这里 n 表示抛物面索网或等效薄膜固有振型的环向波数，m 为给定 n 时的模态顺序数，其中 $n = 0$ 的模态为轴对称模态，$n > 0$ 为非轴对称模态。从表 2.3.1 可见，等效薄膜模型与抛物面索网结构的固有频率十分接近，对于所比较的 20 阶模态，其误差均在 5% 以内，说明等效方法具有较高的精度。需要注意的是，对于抛物面薄膜的非轴对称振动，存在成对出现的两个重频模态。当 $n = 1, 2, 4$ 时，三向抛物面索网结构亦有同样的重频模态，而当 $n = 3$ 时，则无重频模态现象。

图 2.3.5 给出了抛物面索网与等效薄膜固有振型的对比。从图 2.3.5 可以看出，两者振型的形状和大小均吻合得较好。需要注意的是，对于抛物面索网结构的非轴对称振动模态 $(n > 0)$，其振型的相位角是确定的，而直接由有限元模型计算得到的抛物面薄膜的相位角是任意的。通过归纳不难发现，抛物面索网成对出现的两个模态，其中一个相位角为零，另一个为 $\pi/2n$。在用抛物面薄膜的振型函数来表示索网结构的振型时，可以将相应模态的相位角取为上述两个值。

表 2.3.1　抛物面索网与等效薄膜固有频率的比较

n	m	抛物面索网/Hz	等效薄膜/Hz	误差/%
0	1	59.452	59.463	0.02
	2	63.489	62.978	−0.80
	3	69.472	67.396	−2.99
	4	76.475	72.757	−4.86
1	1	59.631	60.267	1.07
	2	59.631	60.267	1.07
	3	62.823	63.493	1.07
	4	62.823	63.493	1.07
2	1	59.985	60.607	1.04
	2	59.985	60.607	1.04
	3	64.398	64.720	0.50
	4	64.398	64.720	0.50
3	1	59.961	60.969	1.68
	2	60.918	60.969	0.08
	3	65.362	66.096	1.12
	4	66.579	66.096	−0.73
4	1	61.171	61.604	0.71
	2	61.171	61.604	0.71
	3	67.736	67.754	0.03
	4	67.736	67.754	0.03

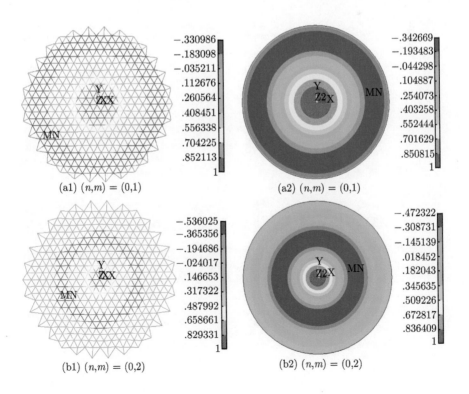

(a1) $(n,m) = (0,1)$　　(a2) $(n,m) = (0,1)$

(b1) $(n,m) = (0,2)$　　(b2) $(n,m) = (0,2)$

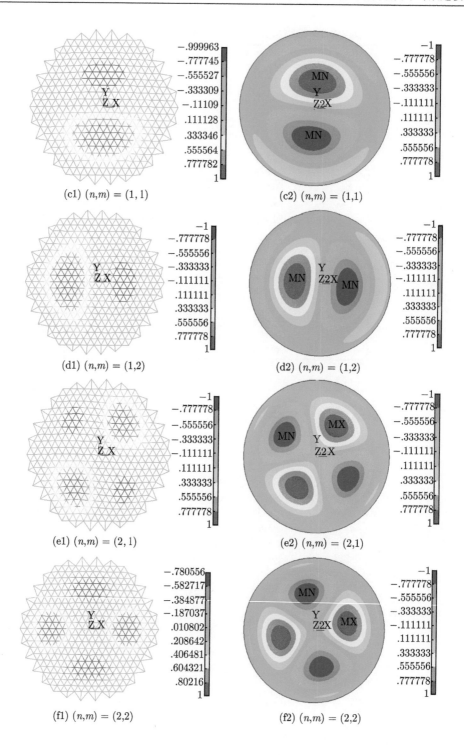

(c1) $(n,m) = (1,1)$

(c2) $(n,m) = (1,1)$

(d1) $(n,m) = (1,2)$

(d2) $(n,m) = (1,2)$

(e1) $(n,m) = (2,1)$

(e2) $(n,m) = (2,1)$

(f1) $(n,m) = (2,2)$

(f2) $(n,m) = (2,2)$

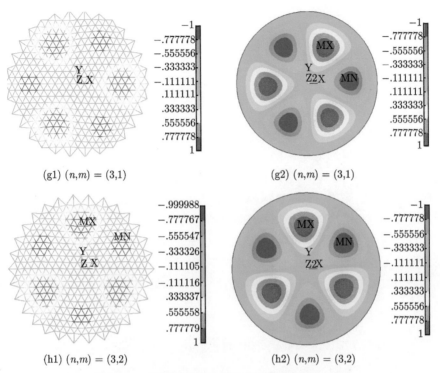

(g1) $(n,m)=(3,1)$ (g2) $(n,m)=(3,1)$

(h1) $(n,m)=(3,2)$ (h2) $(n,m)=(3,2)$

图 2.3.5   抛物面索网与等效薄膜固有振型的比较

　　本章首先介绍了力密度法进行索网结构找形分析的基本原理，然后采用等力密度法对环形可展天线中使用的三向抛物面索网结构进行了找形分析，得到了索网结构在初始平衡状态下的形面及索力分布。以此模型为基础，基于能量等效原则，将三向抛物面索网结构等效为均匀预张力下的各向同性抛物面薄膜，给出了等效薄膜刚度和质量参数的计算方法。最后通过数值算例验证了等效方法的正确性。

第 3 章　充气抛物面薄膜结构动力学建模

充气薄膜结构作为一种极具发展前景的空间可展开结构形式，一直受到人们的广泛关注。由于充气膜结构的复杂性，对其动力学特性的研究基本上都是采用实验和数值方法进行。近年来，一些研究者开始对一些简单的充气结构部件进行解析研究。例如，采用 Euler-Bernoulli 梁模型，研究充气管的振动问题，以及采用弹性薄壳理论建立充气圆环结构的动力学模型等。

本章针对充气抛物面薄膜结构，采用非线性薄壳理论建立其动力学模型，在非线性振动方程的基础上得到线性化振动方程，获得了固有频率和固有振型的解析解，继而对抛物面薄膜和圆环组成的充气薄膜反射器结构的动力学特性进行了分析。

3.1　抛物面薄膜动力学模型

抛物面型充气薄膜反射面是一种承受一定应力分布的理想构型，它的形状和精度与承受的充气压力及边界条件直接相关。为了使薄膜在充气压力的作用下形成所需的抛物面构型，需要根据充气压力的大小进行薄膜充气前的初始构型设计，这是一种已知结果寻求初始状态的反问题。国内外研究者在这方面做了大量研究 (Pai and Young, 2003；Xu and Guan, 2012；毛丽娜，2010)。

假设薄膜在充气压力的作用下形成理想的抛物面形状，如图 3.1.1 所示。抛物面薄膜的几何方程及坐标系的定义同 2.2.1 节。

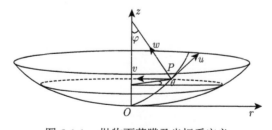

图 3.1.1　抛物面薄膜及坐标系定义

充气压力作用下形成的抛物面薄膜是一个轴对称模型。根据旋转壳的膜理论 (Ventsel and Krauthammer, 2001)，抛物面薄膜在充气成型后的静力平衡方程为

$$\frac{\partial(N_1^0 r)}{R_1 \partial \varphi} - N_2^0 \cos\varphi = 0, \quad \frac{N_1^0}{R_1} + \frac{N_2^0}{R_2} = p \tag{3.1.1}$$

式中，N_1^0 和 N_2^0 分别为薄膜内由充气压力 p 产生的沿经线和纬线方向的预张力，R_1 和 R_2 分别为抛物面薄膜沿经线和纬线方向的曲率半径，具体表达式见式 (2.2.4)。由式 (3.1.1) 可以解出薄膜的预张力为

$$N_1^0 = \frac{p}{r\sin\varphi} \int_0^\varphi r R_1 \cos\bar\varphi \mathrm{d}\bar\varphi = \frac{pR_2}{2} \tag{3.1.2a}$$

$$N_2^0 = -R_2 \left(-p + \frac{N_1^0}{R_1}\right) = \frac{pR_2}{2}\left(2 - \frac{R_2}{R_1}\right) \tag{3.1.2b}$$

通常，充气抛物面薄膜的矢高与其口径相比都较小，几何上类似于旋转扁壳。采用扁壳理论中有关底面为圆形的旋转扁壳的定义 (Reissner, 1946)，当抛物面薄膜的矢高与其口径之比小于 1/8 时，将其称为**扁抛物面薄膜**。对于扁抛物面薄膜，根据其曲率半径计算公式 (2.2.4)，有

$$R_1 = 2f\left(1 + \frac{r^2}{4f^2}\right)^{3/2} \approx 2f \tag{3.1.3a}$$

$$R_2 = 2f\left(1 + \frac{r^2}{4f^2}\right)^{1/2} \approx 2f \tag{3.1.3b}$$

将式 (3.1.3) 代入式 (3.1.2)，得到薄膜内的近似预张力

$$N_1^0 \approx N_2^0 \approx pf \tag{3.1.4}$$

3.2 抛物面薄膜非线性振动方程

3.2.1 薄膜非线性振动方程

首先建立充气抛物面薄膜的非线性振动方程。根据 Hamilton 原理，有

$$\delta \int_{t_1}^{t_2} (T_m - U_m + W_m)\mathrm{d}t = 0 \tag{3.2.1}$$

式中，U_m 和 T_m 分别表示抛物面薄膜的应变能和动能，W_m 为薄膜振动过程中外载荷做的功。

如前所述，充气抛物面薄膜的应变能包括薄膜弹性变形产生的应变能 U_{m1} 及预张力在薄膜弹性变形上产生的应变能 U_{m2} 两部分，即

$$U_m = U_{m1} + U_{m2} \tag{3.2.2}$$

其中

$$U_{m1} = \frac{1}{2} \int_\varphi \int_\theta (N_1 \varepsilon_1 + N_2 \varepsilon_2 + N_{12} \gamma_{12}) R_1 R_2 \sin \varphi \mathrm{d}\varphi \mathrm{d}\theta \tag{3.2.3}$$

$$U_{m2} = \int_\varphi \int_\theta (N_1^0 \varepsilon_1 + N_2^0 \varepsilon_2) R_1 R_2 \sin \varphi \mathrm{d}\varphi \mathrm{d}\theta \tag{3.2.4}$$

式中，N_1、N_2 和 N_{12} 分别为薄膜振动产生的沿经线和纬线方向的张力及中面内的剪力，ε_1、ε_2 和 γ_{12} 分别为薄膜振动引起的中面内沿经向和纬向的正应变及中面内的剪切应变。根据 Donnell 非线性薄壳理论 (Amabili, 2008)，计入法向位移时一阶导数非线性项的抛物面薄膜中面应变为

$$\varepsilon_1 = \frac{\partial u}{R_1 \partial \varphi} - \frac{w}{R_1} + \frac{1}{2} \left(\frac{\partial w}{R_1 \partial \varphi} \right)^2 \tag{3.2.5a}$$

$$\varepsilon_2 = \frac{1}{R_2 \sin \varphi} \left(\frac{\partial v}{\partial \theta} + u \cos \varphi \right) - \frac{w}{R_2} + \frac{1}{2} \left(\frac{\partial w}{R_2 \sin \varphi \partial \theta} \right)^2 \tag{3.2.5b}$$

$$\gamma_{12} = \frac{1}{R_2 \sin \varphi} \left(\frac{\partial u}{\partial \theta} + \frac{1}{R_1} \frac{\partial w}{\partial \varphi} \frac{\partial w}{\partial \theta} - v \cos \varphi \right) + \frac{1}{R_1} \frac{\partial v}{\partial \varphi} \tag{3.2.5c}$$

薄膜张力

$$N_1 = \frac{E_m h}{1 - \nu^2} (\varepsilon_1 + \nu \varepsilon_2), \quad N_2 = \frac{E_m h}{1 - \nu^2} (\varepsilon_2 + \nu \varepsilon_1), \quad N_{12} = \frac{E_m h}{2(1 + \nu)} \gamma_{12} \tag{3.2.6}$$

根据式 (3.2.3) 和式 (3.2.4)，抛物面薄膜应变能的变分为

$$\delta U_{m1} = \int_\varphi \int_\theta (N_1 \delta \varepsilon_1 + N_2 \delta \varepsilon_2 + N_{12} \delta \gamma_{12}) R_1 R_2 \sin \varphi \mathrm{d}\varphi \mathrm{d}\theta \tag{3.2.7}$$

$$\delta U_{m2} = \int_\varphi \int_\theta (N_1^0 \delta \varepsilon_1 + N_2^0 \delta \varepsilon_2) R_1 R_2 \sin \varphi \mathrm{d}\varphi \mathrm{d}\theta \tag{3.2.8}$$

将式 (3.2.5) 代入式 (3.2.7)，得

$$\begin{aligned}
\delta U_{m1} = \int_\varphi \int_\theta & \left\{ \left[\frac{\partial (\delta u)}{\partial \varphi} - \delta w + \frac{1}{R_1} \frac{\partial w}{\partial \varphi} \frac{\partial (\delta w)}{\partial \varphi} \right] N_1 R_2 \sin \varphi \right. \\
& + N_2 R_1 \left[\cos \varphi \delta u - \sin \varphi \delta w + \frac{\partial (\delta v)}{\partial \theta} + \frac{1}{R_2 \sin \varphi} \frac{\partial w}{\partial \theta} \frac{\partial (\delta w)}{\partial \theta} \right] \\
& + N_{12} \left[R_1 \left(\frac{\partial (\delta u)}{\partial \theta} - \cos \varphi \delta v \right) + R_2 \sin \varphi \frac{\partial (\delta v)}{\partial \varphi} \right. \\
& \left. \left. + \frac{\partial w}{\partial \theta} \frac{\partial (\delta w)}{\partial \varphi} + \frac{\partial w}{\partial \varphi} \frac{\partial (\delta w)}{\partial \theta} \right] \right\} \mathrm{d}\varphi \mathrm{d}\theta
\end{aligned} \tag{3.2.9}$$

采用分部积分法计算式 (3.2.9) 中被积函数含变分偏导数的项。考虑到对于旋转抛物面，$\partial R_1/\partial\theta = \partial R_2/\partial\theta = 0$，以致

$$
\begin{aligned}
\delta U_{m1} = \int_\varphi \int_\theta \Bigg\{ &- \left[\frac{\partial}{\partial\varphi}(N_1 R_2 \sin\varphi) - N_2 R_1 \cos\varphi + \frac{\partial N_{12}}{\partial\theta} R_1 \right] \delta u \\
&- \left[\frac{\partial N_2}{\partial\theta} R_1 + N_{12} R_1 \cos\varphi + \frac{\partial}{\partial\varphi}(N_{12} R_2 \sin\varphi) \right] \delta v \\
&- \left[(N_1 R_2 + N_2 R_1)\sin\varphi + \frac{\partial}{\partial\varphi}\left(\frac{N_1 R_2 \sin\varphi}{R_1}\frac{\partial w}{\partial\varphi} + N_{12}\frac{\partial w}{\partial\theta} \right) \right. \\
&\left. + \frac{\partial}{\partial\theta}\left(\frac{N_2 R_1}{R_2 \sin\varphi}\frac{\partial w}{\partial\theta} + N_{12}\frac{\partial w}{\partial\varphi} \right) \right] \delta w \Bigg\} \mathrm{d}\varphi\mathrm{d}\theta \\
&+ \int_\theta \left[(N_1\delta u + N_{12}\delta v) R_2 \sin\varphi + \left(\frac{N_1 R_2 \sin\varphi}{R_1}\frac{\partial w}{\partial\varphi} + N_{12}\frac{\partial w}{\partial\theta} \right)\delta w \right] \mathrm{d}\theta \\
&+ \int_\varphi \left[N_{12} R_1 \delta u + N_2 R_1 \delta v + \left(\frac{N_2 R_1}{R_2 \sin\varphi}\frac{\partial w}{\partial\theta} + N_{12}\frac{\partial w}{\partial\varphi} \right)\delta w \right] \mathrm{d}\varphi \quad (3.2.10)
\end{aligned}
$$

类似地，预应力产生的应变能的变分为

$$
\begin{aligned}
\delta U_{m2} = \int_\varphi \int_\theta \Bigg\{ &- \left[\frac{\partial}{\partial\varphi}(N_1^0 R_2 \sin\varphi) - N_2^0 R_1 \cos\varphi \right] \delta u - \left[(N_1^0 R_2 + N_2^0 R_1)\sin\varphi \right. \\
&\left. + \frac{\partial}{\partial\varphi}\left(\frac{N_1^0 R_2 \sin\varphi}{R_1}\frac{\partial w}{\partial\varphi} \right) + \frac{\partial}{\partial\theta}\left(\frac{N_2^0 R_1}{R_2 \sin\varphi}\frac{\partial w}{\partial\theta} \right) \right] \delta w \Bigg\} \mathrm{d}\varphi\mathrm{d}\theta \\
&+ \int_\theta \left(\delta u + \frac{1}{R_1}\frac{\partial w}{\partial\varphi}\delta w \right) N_1^0 R_2 \sin\varphi\mathrm{d}\theta \\
&+ \int_\varphi \left(\delta v + \frac{1}{R_2 \sin\varphi}\frac{\partial w}{\partial\theta}\delta w \right) N_2^0 R_1 \mathrm{d}\varphi \quad (3.2.11)
\end{aligned}
$$

从而

$$
\delta U_m = \delta U_{m1} + \delta U_{m2} \quad (3.2.12)
$$

抛物面薄膜的动能

$$
T_m = \frac{1}{2}\rho_m h \int_\varphi \int_\theta \left[\left(\frac{\partial u}{\partial t}\right)^2 + \left(\frac{\partial v}{\partial t}\right)^2 + \left(\frac{\partial w}{\partial t}\right)^2 \right] R_1 R_2 \sin\varphi\mathrm{d}\varphi\mathrm{d}\theta \quad (3.2.13)
$$

式中，ρ_m 为薄膜的质量密度。根据式 (3.2.13)，有

$$
\delta\int_{t_1}^{t_2} T_m \mathrm{d}t = \rho_m h \int_{t_1}^{t_2} \int_\varphi \int_\theta \left[\frac{\partial u}{\partial t}\frac{\partial(\delta u)}{\partial t} + \frac{\partial v}{\partial t}\frac{\partial(\delta v)}{\partial t} + \frac{\partial w}{\partial t}\frac{\partial(\delta w)}{\partial t} \right] R_1 R_2 \sin\varphi\mathrm{d}\varphi\mathrm{d}\theta\mathrm{d}t
$$
$$
(3.2.14)
$$

同样，采用分部积分法计算式 (3.2.14) 中含变分偏导数的项。考虑到在 t_1 和 t_2 时刻，$\delta u = \delta v = \delta w = 0$，以致

$$\delta \int_{t_1}^{t_2} T_m \mathrm{d}t = -\rho_m h \int_{t_1}^{t_2} \int_{\varphi} \int_{\theta} \left(\frac{\partial^2 u}{\partial t^2} \delta u + \frac{\partial^2 v}{\partial t^2} \delta v + \frac{\partial^2 w}{\partial t^2} \delta w \right) R_1 R_2 \sin \varphi \mathrm{d}\varphi \mathrm{d}\theta \mathrm{d}t \tag{3.2.15}$$

若不计抛物面薄膜振动过程中内部充气压力大小的变化，将充气压力视为作用在抛物面薄膜上的恒定的法向均布载荷，则充气压力所做的功为

$$W_m = -\int_{\varphi} \int_{\theta} p w R_1 R_2 \sin \varphi \mathrm{d}\varphi \mathrm{d}\theta \tag{3.2.16}$$

从而

$$\delta \int_{t_1}^{t_2} W_m \mathrm{d}t = -\int_{t_1}^{t_2} \int_{\varphi} \int_{\theta} p \delta w R_1 R_2 \sin \varphi \mathrm{d}\varphi \mathrm{d}\theta \mathrm{d}t \tag{3.2.17}$$

将式 (3.2.14)、式 (3.2.15) 和式 (3.2.17) 代入方程 (3.2.1)，有

$$
\begin{aligned}
&\delta \int_{t_1}^{t_2} (T_m - U_m + W_m) \mathrm{d}t \\
&= \int_{t_1}^{t_2} \int_{\varphi} \int_{\theta} \left\{ \left[\left(\frac{\partial (N_{110} R_2 \sin \varphi)}{\partial \varphi} - N_{220} R_1 \cos \varphi + \frac{R_1 \partial N_{12}}{\partial \theta} \right) \frac{1}{R_1 R_2 \sin \varphi} \right. \right. \\
&\quad \left. - \rho_m h \frac{\partial^2 u}{\partial t^2} \right] \delta u \\
&\quad + \left[\frac{1}{R_2 \sin \varphi} \left(\frac{\partial N_2}{\partial \theta} + 2 N_{12} \cos \varphi \right) + \frac{1}{R_1} \frac{\partial N_{12}}{\partial \varphi} - \rho_m h \frac{\partial^2 v}{\partial t^2} \right] \delta v \\
&\quad + \left[\frac{N_{110}}{R_1} + \frac{N_{220}}{R_2} + \frac{1}{R_1 R_2 \sin \varphi} \frac{\partial}{\partial \varphi} \left(\frac{N_{110} R_2 \sin \varphi}{R_1} \frac{\partial w}{\partial \varphi} + N_{12} \frac{\partial w}{\partial \theta} \right) \right. \\
&\quad + \frac{1}{R_1 R_2 \sin \varphi} \frac{\partial}{\partial \theta} \left(\frac{N_{220} R_1}{R_2 \sin \varphi} \frac{\partial w}{\partial \theta} + N_{12} \frac{\partial w}{\partial \varphi} \right) \\
&\quad \left. \left. - p - \rho_m h \frac{\partial^2 w}{\partial t^2} \right] \delta w \right\} R_1 R_2 \sin \varphi \mathrm{d}\varphi \mathrm{d}\theta \mathrm{d}t \\
&\quad - \int_{t_1}^{t_2} \int_{\theta} \left\{ N_{110} \delta u + N_{12} \delta v + \left[\frac{N_{110}}{R_1} \frac{\partial w}{\partial \varphi} + \frac{N_{12}}{R_2 \sin \varphi} \frac{\partial w}{\partial \theta} \right] \delta w \right\} R_2 \sin \varphi \mathrm{d}\theta \mathrm{d}t \\
&\quad - \int_{t_1}^{t_2} \int_{\varphi} \left\{ N_{12} \delta u + N_{220} \delta v + \left[\frac{N_{220}}{R_2 \sin \varphi} \frac{\partial w}{\partial \theta} + \frac{N_{12}}{R_1} \frac{\partial w}{\partial \varphi} \right] \delta w \right\} R_1 \mathrm{d}\varphi \mathrm{d}t = 0
\end{aligned}
$$

$$\tag{3.2.18}$$

式 (3.2.18) 成立的条件是三重积分项和二重积分项分别等于零。由于变分 δu、δv 和 δw 在域内是任意的，故三重积分中变分 δu、δv 和 δw 前的系数项应该为零，

从而

$$\rho_m h \frac{\partial^2 u}{\partial t^2} = \frac{1}{R_1 R_2 \sin\varphi} \left(\frac{\partial(N_{110} R_2 \sin\varphi)}{\partial \varphi} + \frac{R_1 \partial N_{12}}{\partial \theta} - N_{220} R_1 \cos\varphi \right) \quad (3.2.19a)$$

$$\rho_m h \frac{\partial^2 v}{\partial t^2} = \frac{1}{R_2 \sin\varphi} \left(\frac{\partial N_2}{\partial \theta} + 2N_{12}\cos\varphi \right) + \frac{\partial N_{12}}{R_1 \partial \varphi} \quad (3.2.19b)$$

$$\rho_m h \frac{\partial^2 w}{\partial t^2} = \frac{N_{110}}{R_1} + \frac{N_{220}}{R_2} + \frac{1}{R_1 R_2 \sin\varphi} \left[\frac{\partial}{\partial \varphi} \left(\frac{N_{110} R_2 \sin\varphi}{R_1} \frac{\partial w}{\partial \varphi} + N_{12} \frac{\partial w}{\partial \theta} \right) \right.$$
$$\left. + \frac{\partial}{\partial \theta} \left(\frac{N_{220} R_1}{R_2 \sin\varphi} \frac{\partial w}{\partial \theta} + N_{12} \frac{\partial w}{\partial \varphi} \right) \right] - p \quad (3.2.19c)$$

式 (3.2.19) 即为充气抛物面薄膜的非线性自由振动方程。

3.2.2 薄膜非线性振动方程的简化

采用弹性薄壳的 Donnell 简化理论 (Amabili, 2008；曹志远, 1989)，对方程 (3.2.19) 进行化简。不计抛物面薄膜振动的面内惯性力，则薄膜面内运动方程简化为

$$\frac{\partial(N_{110} R_2 \sin\varphi)}{R_1 \partial \varphi} + \frac{\partial N_{12}}{\partial \theta} - N_{220}\cos\varphi = 0 \quad (3.2.20a)$$

$$\frac{1}{R_2 \sin\varphi} \frac{\partial N_2}{\partial \theta} + \frac{\partial N_{12}}{R_1 \partial \varphi} + \frac{2N_{12}\cot\varphi}{R_2} = 0 \quad (3.2.20b)$$

将面外运动方程 (3.2.19c) 中的求偏导数项展开，并且考虑到对于抛物面薄膜，$\partial N_2^0/\partial \theta = 0$、$\partial(R_1/R_2 \sin\varphi)/\partial \theta = 0$，可得

$$\rho_m h \frac{\partial^2 w}{\partial t^2} = \frac{N_{110}}{R_1} + \frac{N_{220}}{R_2}$$
$$+ \frac{1}{R_1 R_2 \sin\varphi} \left\{ \left[\frac{\partial(N_{110} R_2 \sin\varphi)}{R_1 \partial \varphi} + \frac{\partial N_{12}}{\partial \theta} \right] \frac{\partial w}{\partial \varphi} \right.$$
$$+ \left[\frac{\partial N_2}{\partial \theta} \frac{R_1}{R_2 \sin\varphi} + \frac{\partial N_{12}}{\partial \varphi} \right] \frac{\partial w}{\partial \theta}$$
$$\left. + N_{110} R_2 \sin\varphi \frac{\partial}{\partial \varphi} \left(\frac{1}{R_1} \frac{\partial w}{\partial \varphi} \right) + N_{220} \frac{R_1}{R_2 \sin\varphi} \frac{\partial^2 w}{\partial \theta^2} + 2N_{12} \frac{\partial^2 w}{\partial \theta \partial \varphi} \right\} - p$$
$$(3.2.21)$$

根据式 (3.1.20)，有

$$\frac{\partial(N_{110} R_2 \sin\varphi)}{R_1 \partial \varphi} + \frac{\partial N_{12}}{\partial \theta} = N_{220}\cos\varphi \quad (3.2.22a)$$

$$\frac{\partial N_2}{\partial \theta} \frac{R_1}{R_2 \sin\varphi} + \frac{\partial N_{12}}{\partial \varphi} = -\frac{2N_{12} R_1 \cot\varphi}{R_2} \quad (3.2.22b)$$

将式 (3.2.22) 代入式 (3.2.1)，得

$$
\begin{aligned}
\rho_m h \frac{\partial^2 w}{\partial t^2} =\ & \frac{N_{110}}{R_1} + \frac{N_{220}}{R_2} + \frac{N_{110}}{R_1} \frac{\partial}{\partial \varphi} \left(\frac{1}{R_1} \frac{\partial w}{\partial \varphi} \right) \\
& + \frac{N_{220}}{R_2 \sin \varphi} \left(\frac{\cos \varphi}{R_1} \frac{\partial w}{\partial \varphi} + \frac{1}{R_2 \sin \varphi} \frac{\partial^2 w}{\partial \theta^2} \right) \\
& + \frac{2N_{12}}{R_2 \sin \varphi} \left(\frac{\partial^2 w}{R_1 \partial \theta \partial \varphi} - \frac{\cos \varphi}{R_2 \sin \varphi} \frac{\partial w}{\partial \theta} \right) - p
\end{aligned}
\tag{3.2.23}
$$

从式 (3.2.20) 和式 (3.2.23) 中消去抛物面薄膜的静力平衡方程 (3.1.1)，得

$$
\frac{\partial \left(N_1 R_2 \sin \varphi \right)}{R_1 \partial \varphi} - N_2 \cos \varphi + \frac{\partial N_{12}}{\partial \theta} = 0
\tag{3.2.24a}
$$

$$
\frac{1}{R_2 \sin \varphi} \frac{\partial N_2}{\partial \theta} + \frac{2 N_{12} \cos \varphi}{R_2 \sin \varphi} + \frac{\partial N_{12}}{R_1 \partial \varphi} = 0
\tag{3.2.24b}
$$

$$
\begin{aligned}
& \frac{N_1}{R_1} + \frac{N_2}{R_2} + \frac{N_{110}}{R_1} \frac{\partial}{\partial \varphi} \left(\frac{1}{R_1} \frac{\partial w}{\partial \varphi} \right) + \frac{N_{220}}{R_2^2 \sin^2 \varphi} \left(\frac{\cos \varphi}{R_1} \frac{\partial w}{\partial \varphi} + \frac{\partial^2 w}{\partial \theta^2} \right) \\
& + \frac{2 N_{12}}{R_2 \sin \varphi} \left(\frac{\partial^2 w}{R_1 \partial \theta \partial \varphi} - \frac{\cos \varphi}{R_2 \sin \varphi} \frac{\partial w}{\partial \theta} \right) = \rho_m h \frac{\partial^2 w}{\partial t^2}
\end{aligned}
\tag{3.2.24c}
$$

从式 (3.2.24) 可以看出，采用 Donnell 非线性薄壳理论建立充气抛物面薄膜的非线性振动方程时，预张力对抛物面薄膜的面内运动不产生影响，以致面内运动方程与不含预张力的旋转扁壳的面内运动方程相同。

考虑抛物面薄膜为扁薄膜，则式 (3.2.24) 表示的非线性振动方程可以进一步简化。对于扁抛物面薄膜，根据旋转扁壳理论，$\sin \varphi \approx \varphi$、$\cos \varphi \approx 1$，再利用旋转曲面的几何关系式

$$
R_2 \sin \varphi = r, \qquad \frac{\partial r}{\partial \varphi} = R_1 \cos \varphi
\tag{3.2.25}
$$

可以将式 (3.2.24) 转换到极坐标系下描述，即

$$
\frac{\partial \left(N_1 r \right)}{\partial r} - N_2 + \frac{\partial N_{12}}{\partial \theta} = 0
\tag{3.2.26a}
$$

$$
\frac{1}{r} \frac{\partial N_2}{\partial \theta} + \frac{2 N_{12}}{r} + \frac{\partial N_{12}}{\partial r} = 0
\tag{3.2.26b}
$$

$$
\begin{aligned}
\rho_m h \frac{\partial^2 w}{\partial t^2} =\ & \frac{N_1}{R_1} + \frac{N_2}{R_2} + N_{110} \frac{\partial^2 w}{\partial r^2} + N_{220} \left(\frac{\partial w}{r \partial r} + \frac{1}{r^2} \frac{\partial^2 w}{\partial \theta^2} \right) \\
& + 2 N_{12} \left(\frac{\partial^2 w}{r \partial \theta \partial r} - \frac{\partial w}{r^2 \partial \theta} \right)
\end{aligned}
\tag{3.2.26c}
$$

从式 (3.2.26c) 可知，$\partial^2 w/\partial r^2$、$\partial w/r\partial r + \partial^2 w/r^2\partial\theta^2$ 和 $2(\partial^2 w/r\partial\theta\partial r - \partial w/r^2\partial\theta)$ 是抛物面薄膜按扁壳理论计算出的沿经线和纬线方向的曲率改变量及中曲面的扭率。

对于式 (3.2.26a,b) 中的三个未知薄膜张力 N_1、N_2 和 N_{12}，可以采用 Airy 应力函数 ϕ 建立联系 (Johnson and Reissner, 1965)，即

$$N_1 = \frac{1}{r}\frac{\partial\phi}{\partial r} + \frac{1}{r^2}\frac{\partial^2\phi}{\partial\theta^2}, \quad N_2 = \frac{\partial^2\phi}{\partial r^2}, \quad N_{12} = \frac{1}{r^2}\frac{\partial\phi}{\partial\theta} - \frac{1}{r}\frac{\partial^2\phi}{\partial r\partial\theta} \tag{3.2.27}$$

以致式 (3.2.27) 前两个方程自动满足，再将式 (3.2.27) 代入式 (3.2.26c)，可得

$$\rho_m h\frac{\partial^2 w}{\partial t^2} = N_1^0\frac{\partial^2 w}{\partial r^2} + N_2^0\left(\frac{\partial w}{r\partial r} + \frac{\partial^2 w}{r^2\partial\theta^2}\right) + \frac{1}{R_1}\left(\frac{1}{r}\frac{\partial\phi}{\partial r} + \frac{1}{r^2}\frac{\partial^2\phi}{\partial\theta^2}\right)$$
$$+ \frac{1}{R_2}\frac{\partial^2\phi}{\partial r^2} + L(w,\phi) \tag{3.2.28}$$

其中

$$L(w,\phi) = \left(\frac{1}{r}\frac{\partial\phi}{\partial r} + \frac{1}{r^2}\frac{\partial^2\phi}{\partial\theta^2}\right)\frac{\partial^2 w}{\partial r^2}$$
$$+ \frac{\partial^2\phi}{\partial r^2}\left(\frac{\partial w}{r\partial r} + \frac{1}{r^2}\frac{\partial^2 w}{\partial\theta^2}\right) + 2\left(\frac{1}{r^2}\frac{\partial\phi}{\partial\theta} - \frac{1}{r}\frac{\partial^2\phi}{\partial r\partial\theta}\right)\left(\frac{\partial^2 w}{r\partial\theta\partial r} - \frac{\partial w}{r^2\partial\theta}\right) \tag{3.2.29}$$

式 (3.2.28) 是 w 和 ϕ 满足的第一个基本方程，另一个方程来自抛物面薄膜的中面应变分量满足的变形协调方程。

利用式 (3.2.6) 和式 (3.2.27)，可以将薄膜中面应变 ε_1、ε_2 和 γ_{12} 采用应力函数 ϕ 表示。根据旋转壳理论，可以得到薄膜中面应变分量所满足的变形协调方程 (曹志远, 1989)，最终得到相容方程

$$\frac{1}{E_m h}\nabla^2\nabla^2\phi + \left(\frac{\partial w}{r\partial r} + \frac{\partial^2 w}{r^2\partial\theta^2}\right)\left(\frac{\partial^2 w}{\partial r^2} + \frac{1}{R_1}\right) + \frac{1}{R_2}\frac{\partial^2 w}{\partial r^2} - \left(\frac{\partial^2 w}{r\partial r\partial\theta} - \frac{\partial w}{r^2\partial\theta}\right)^2 = 0 \tag{3.2.30}$$

式中，$\nabla^2 = \frac{\partial^2}{\partial r^2} + \frac{1}{r}\frac{\partial}{\partial r} + \frac{1}{r^2}\frac{\partial^2}{\partial\theta^2}$ 为 Laplace 算子。式 (3.2.28) 和式 (3.2.30) 共同构成了预应力扁抛物面薄膜的非线性振动方程。

注意到，若不计式 (3.2.28) 中的预应力项 N_1^0 和 N_2^0，并令式 (3.2.28) 和式 (3.2.30) 中的曲率半径 $R_1 = R_2 = R$，便可得到扁球壳的非线性振动方程 (Thomas, Touzé, and Chaigne, 2005)，这也从一个侧面验证了所推导的运动方程的正确性。

3.3　充气抛物面薄膜自由振动

3.3.1　抛物面薄膜动态响应

对于抛物面薄膜的小幅振动，由薄膜振动引起的附加张力 N_1、N_2 和 N_{12} 与薄膜的预张力 N_1^0 和 N_2^0 相比可以视为小量，薄膜的曲率改变量及扭率亦为小量。不计式 (3.2.28) 和式 (3.2.30) 中这些小量的乘积项，有

$$\rho_m h \frac{\partial^2 w}{\partial t^2} = N_1^0 \frac{\partial^2 w}{\partial r^2} + N_2^0 \left(\frac{\partial w}{r \partial r} + \frac{\partial^2 w}{r^2 \partial \theta^2} \right) + \frac{1}{R_1} \left(\frac{1}{r} \frac{\partial \phi}{\partial r} + \frac{1}{r^2} \frac{\partial^2 \phi}{\partial \theta^2} \right) + \frac{1}{R_2} \frac{\partial^2 \phi}{\partial r^2}$$

$$(3.3.1a)$$

$$\frac{1}{E_m h} \nabla^2 \nabla^2 \phi + \frac{1}{R_1} \left(\frac{\partial w}{r \partial r} + \frac{\partial^2 w}{r^2 \partial \theta^2} \right) + \frac{1}{R_2} \frac{\partial^2 w}{\partial r^2} = 0 \qquad (3.3.1b)$$

根据式 (3.1.4)，可令 $N_1^0 = N_2^0 = N^0$，并利用式 (3.1.3) 可以将式 (3.3.1a,b) 进一步简化为

$$\rho_m h \frac{\partial^2 w}{\partial t^2} = N^0 \nabla^2 w + \frac{1}{2f} \nabla^2 \phi \qquad (3.3.2a)$$

$$\frac{1}{E_m h} \nabla^4 \phi + \frac{1}{2f} \nabla^2 w = 0 \qquad (3.3.2b)$$

式 (3.3.2a,b) 即为简化后的充气抛物面薄膜线性振动方程。

采用分离变量法，设

$$w(r, \theta, t) = W(r) \cos n\theta \sin \omega t, \quad \phi(r, \theta, t) = \Phi(r) \cos n\theta \sin \omega t \qquad (3.3.3)$$

式中，$W(r)$ 和 $\Phi(r)$ 分别称为法向位移 w 和应力函数 ϕ 的径向振型函数，ω 为抛物面薄膜的固有振动频率。

将式 (3.3.3) 代入式 (3.3.2a,b)，得知径向振型函数满足

$$- \rho_m h \omega^2 W = N^0 \nabla_n^2 W + \frac{1}{2f} \nabla_n^2 \Phi \qquad (3.3.4a)$$

$$\frac{1}{E_m h} \nabla_n^4 \Phi + \frac{1}{2f} \nabla_n^2 W = 0 \qquad (3.3.4b)$$

式中，$\nabla_n^2 = \dfrac{\mathrm{d}^2}{\mathrm{d}r^2} + \dfrac{1}{r} \dfrac{\mathrm{d}}{\mathrm{d}r} - \dfrac{n^2}{r^2}$。式 (3.3.4b) 的解为

$$W = -\frac{2f}{E_m h} (\nabla_n^2 \Phi + \Psi_n) \qquad (3.3.5)$$

式中，Ψ_n 为调和函数，满足

$$\nabla_n^2 \Psi_n = 0 \tag{3.3.6}$$

其解为

$$\Psi_n = C_{1n} g_{1n}(r) + C_{2n} g_{2n}(r) \tag{3.3.7}$$

式中，C_{1n} 和 C_{2n} 为任意实常数，而

$$g_{1n}(r) = \begin{cases} 1, & n = 0 \\ r^n, & n > 0 \end{cases}, \quad g_{2n}(r) = \begin{cases} \ln r, & n = 0 \\ r^{-n}, & n > 0 \end{cases} \tag{3.3.8}$$

将式 (3.3.5) 代入式 (3.3.4a)，得到只含未知函数 Φ 的方程

$$-\rho_m h \omega^2 \Psi = N^0 \nabla_n^4 \Phi + \left(\rho_m h \omega^2 - \frac{E_m h}{4f^2} \right) \nabla_n^2 \Phi \tag{3.3.9}$$

令

$$\lambda = \sqrt{ \left| \rho_m h \omega^2 - \frac{E_m h}{4f^2} \right| \Big/ N^0 } \tag{3.3.10}$$

当 $\rho_m h \omega^2 - \dfrac{E_m h}{4f^2} < 0$ 时，式 (3.3.9) 化为

$$\nabla_n^4 \Phi - \lambda^2 \nabla_n^2 \Phi = -\frac{\rho_m h \omega^2}{N^0} \Psi \tag{3.3.11}$$

式 (3.3.11) 对应的齐次方程通解为

$$\Phi_h(r) = C_{3n} g_{1n}(r) + C_{4n} g_{2n}(r) + C_{5n} I_n(\lambda r) + C_{6n} K_n(\lambda r) \tag{3.3.12}$$

式中，C_{3n}、C_{4n}、C_{5n} 和 C_{6n} 为任意实常数，$I_n(\lambda r)$ 和 $K_n(\lambda r)$ 分别为 n 阶一类和二类修正 Bessel 函数。

式 (3.3.11) 的一个特解为

$$\Phi_p(r) = C_{1n} h_{1n}(r) + C_{2n} h_{2n}(r) \tag{3.3.13}$$

其中

$$h_{1n}(r) = \frac{\rho h \omega^2}{N^0 \lambda^2} \begin{cases} \dfrac{r^2}{4}, & n = 0 \\[2mm] \dfrac{r^3}{8}, & n = 1 \\[2mm] \dfrac{r^{n+2}}{4+4n}, & n > 1 \end{cases}, \quad h_{2n}(r) = \frac{\rho h \omega^2}{N^0 \lambda^2} \begin{cases} \dfrac{r^2(\ln r - 1)}{4}, & n = 0 \\[2mm] \dfrac{r \ln r}{2}, & n = 1 \\[2mm] \dfrac{r^{-n+2}}{4-4n}, & n > 1 \end{cases}$$

$$\tag{3.3.14}$$

因此，式 (3.3.11) 的通解为

$$\Phi(r) = C_{1n}h_{1n}(r) + C_{2n}h_{2n}(r) + C_{3n}g_{1n}(r) + C_{4n}g_{2n}(r)$$
$$+ C_{5n}I_n(\lambda r) + C_{6n}K_n(\lambda r) \tag{3.3.15}$$

对于顶部封闭的抛物面薄膜，考虑到函数 $g_{2n}(r)$、$h_{2n}(r)$ 和 $K_n(\lambda r)$ 在 $r = 0$ 处奇异，以致 $C_{2n} = C_{4n} = C_{6n} = 0$，故可将式 (3.3.15) 简化为

$$\Phi(r) = C_{1n}h_{1n}(r) + C_{3n}g_{1n}(r) + C_{5n}I_n(\lambda r) \tag{3.3.16}$$

将式 (3.3.16) 代入式 (3.3.5)，求得

$$W(r) = -\left[\frac{1}{2fN^0\lambda^2}C_{1n}g_{1n}(r) + \frac{2f\lambda^2}{E_mh}C_{5n}I_n(\lambda r)\right] \tag{3.3.17}$$

当 $\rho_m h\omega^2 - \dfrac{E_m h}{4f^2} > 0$，式 (3.3.9) 化为

$$-\frac{\rho_m h\omega^2}{N^0}\Psi = \nabla_n^4\Phi + \lambda^2\nabla_n^2\Phi \tag{3.3.18}$$

类似于式 (3.3.11) 的求解，式 (3.3.18) 的解为

$$\Phi(r) = -C_{1n}h_{1n}(r) + C_{3n}g_{1n}(r) + C_{5n}J_n(\lambda r) \tag{3.3.19}$$

这里，$g_{1n}(r)$ 和 $h_{1n}(r)$ 与式 (3.3.16) 中相同，$J_n(\lambda r)$ 为 n 阶一类 Bessel 函数。

同样地，将式 (3.3.19) 代入式 (3.3.5)，得

$$W(r) = \frac{1}{2fN^0\lambda^2}C_{1n}g_{1n}(r) + \frac{2f\lambda^2}{Eh}C_{5n}J_n(\lambda r) \tag{3.3.20}$$

综上，可以将式 (3.3.4) 的解表示为

$$\Phi(r) = A_1F_1(r) + A_2F_2(r) + A_3F_3(r) \tag{3.3.21a}$$

$$W(r) = A_1Z_1(r) + A_2Z_2(r) + A_3Z_3(r) \tag{3.3.21b}$$

式中，A_1、A_2 和 A_3 是与 n 有关的任意实常数，而

$$F_1(r) = -\frac{\alpha r^{n+2}}{4n+4}, \quad F_2(r) = r^n, \quad F_3(r) = T_n(\lambda r) \tag{3.3.22a}$$

$$Z_1(r) = \frac{\beta r^n}{E_m h}, \qquad Z_2(r) = 0, \quad Z_3(r) = \frac{\gamma T_n(\lambda r)}{E_m h} \tag{3.3.22b}$$

式中

$$\alpha = \text{sgn}\frac{\rho_m h\omega^2}{\lambda^2 N^0}, \quad \beta = \text{sgn}\frac{E_m h}{2f\lambda^2 N^0}, \quad \gamma = \text{sgn}2f\lambda^2,$$

$$\text{sgn} = \begin{cases} -1, & \omega < \dfrac{1}{2f}\sqrt{\dfrac{E_m}{\rho_m}} \\ 1, & \omega > \dfrac{1}{2f}\sqrt{\dfrac{E_m}{\rho_m}} \end{cases}, \quad T_n(\lambda r) = \begin{cases} I_n(\lambda r), & \omega < \dfrac{1}{2f}\sqrt{\dfrac{E_m}{\rho_m}} \\ J_n(\lambda r), & \omega > \dfrac{1}{2f}\sqrt{\dfrac{E_m}{\rho_m}} \end{cases}$$

在获得抛物面薄膜的法向位移和应力函数后，利用薄膜的几何方程和物理方程即可求出薄膜中面内的位移 u 和 v。采用旋转扁壳线性理论，抛物面薄膜的几何方程为

$$\varepsilon_1 = \frac{\partial u}{\partial r} - \frac{w}{R_1}, \quad \varepsilon_2 = \frac{u}{r} + \frac{1}{r}\frac{\partial v}{\partial \theta} - \frac{w}{R_2} \tag{3.3.23}$$

物理方程为

$$\varepsilon_1 = \frac{1}{E_m h}(N_1 - \nu N_2), \quad \varepsilon_2 = \frac{1}{E_m h}(N_2 - \nu N_1) \tag{3.3.24}$$

式中，薄膜张力 N_1 和 N_2 由式 (3.2.27) 通过应力函数计算得到。类似于式 (3.3.3)，设抛物面薄膜中面内的位移为

$$u(r,\theta,t) = U(r)\cos n\theta \sin\omega t, \quad v(r,\theta,t) = V(r)\sin n\theta \sin\omega t \tag{3.3.25}$$

将式 (3.3.3) 和式 (3.3.25) 代入式 (3.3.23) 和式 (3.3.24)，得

$$\frac{\mathrm{d}U}{\mathrm{d}r} - \frac{W}{2f} = \frac{1}{E_m h}\left(\frac{1}{r}\frac{\mathrm{d}\Phi}{\mathrm{d}r} - \frac{n^2}{r^2}\Phi - \nu\frac{\mathrm{d}^2\Phi}{\mathrm{d}r^2}\right)$$
$$\frac{U}{r} + \frac{nV}{r} - \frac{W}{2f} = \frac{1}{E_m h}\left(\frac{\mathrm{d}^2\Phi}{\mathrm{d}r^2} - \frac{\nu}{r}\frac{\mathrm{d}\Phi}{\mathrm{d}r} + \frac{n^2\nu}{r^2}\Phi\right) \tag{3.3.26}$$

将 $W(r)$ 和 $\Phi(r)$ 的解 (3.3.21) 代入式 (3.3.26)，可以解出

$$U(r) = A_1 X_1(r) + A_2 X_2(r) + A_3 X_3(r) \tag{3.3.27a}$$

$$V(r) = \begin{cases} A_1 Y_1(r) + A_2 Y_2(r) + A_3 Y_3(r), & n \neq 0 \\ 0, & n = 0 \end{cases} \tag{3.3.27b}$$

其中

$$X_1(r) = -\frac{1}{E_m h}\frac{[4-(n+2)(1+\nu)\alpha]\,r^{n+1}}{4n+4}, \quad Y_1(r) = \frac{1}{E_m h}\frac{[-n(1+\nu)\alpha-4]\,r^{n+1}}{4n+4},$$

$$X_2(r) = -\frac{n(1+\nu)r^{n-1}}{E_m h}, \qquad\qquad Y_2(r) = -X_2,$$

$$X_3(r) = -\frac{(1+\nu)}{E_m h}\frac{\mathrm{d}T_n(\lambda r)}{\mathrm{d}r}, \qquad\qquad Y_3(r) = \frac{n(1+\nu)}{E_m h}\frac{T_n(\lambda r)}{r} \qquad (3.3.28)$$

3.3.2　周边固定抛物面薄膜固有振动

对于周边固定的抛物面薄膜，其边界条件为

$$u(r_0,\theta,t) = v(r_0,\theta,t) = w(r_0,\theta,t) = 0 \qquad\qquad (3.3.29)$$

式中，r_0 为抛物面薄膜底面圆的半径。将薄膜位移表达式 (3.3.3) 和式 (3.3.25) 代入边界条件 (3.3.29)，得

$$U(r_0) = V(r_0) = W(r_0) = 0 \qquad\qquad (3.3.30)$$

进一步，将 U、V 和 W 的表达式 (3.3.21) 和式 (3.3.27) 代入式 (3.3.30)，可以得到关于待定系数 A_1、A_2 和 A_3 的一个代数方程组，将其表示为矩阵形式，有

$$\begin{bmatrix} X_1(r_0) & X_2(r_0) & X_3(r_0) \\ Y_1(r_0) & Y_2(r_0) & Y_3(r_0) \\ Z_1(r_0) & Z_2(r_0) & Z_3(r_0) \end{bmatrix} \begin{Bmatrix} A_1 \\ A_2 \\ A_3 \end{Bmatrix} = \begin{Bmatrix} 0 \\ 0 \\ 0 \end{Bmatrix}, \quad n>0 \qquad (3.3.31a)$$

或

$$\begin{bmatrix} X_1(r_0) & X_3(r_0) \\ Z_1(r_0) & Z_3(r_0) \end{bmatrix} \begin{Bmatrix} A_1 \\ A_3 \end{Bmatrix} = \begin{Bmatrix} 0 \\ 0 \end{Bmatrix}, \quad n=0 \qquad (3.3.31b)$$

线性方程组 (3.3.31) 有解的充要条件是其系数矩阵的行列式值为零，即

$$\det\left(\begin{bmatrix} X_1(r_0) & X_2(r_0) & X_3(r_0) \\ Y_1(r_0) & Y_2(r_0) & Y_3(r_0) \\ Z_1(r_0) & Z_2(r_0) & Z_3(r_0) \end{bmatrix} \right) = 0, \quad n>0 \qquad (3.3.32a)$$

或

$$\det\left(\begin{bmatrix} X_1(r_0) & X_3(r_0) \\ Z_1(r_0) & Z_3(r_0) \end{bmatrix} \right) = 0, \quad n=0 \qquad (3.3.32b)$$

由于式 (3.3.32) 是关于频率的超越方程，难以解析求解，通常采用图解法求得频率的近似解，再将其回代入式 (3.3.31) 解出振型函数中的待定系数 A_1、A_2 和 A_3($n=0$ 时，$A_2=0$)，便可确定抛物面薄膜的振型函数。

3.4　算　　例

为了验证解析计算方法的准确性，本节以一个口径 $D = 12\mathrm{m}$ 的充气抛物面薄膜为例，将解析方法计算得到的固有频率和固有振型与有限元计算结果进行对比。薄膜材料采用 Kapton 薄膜 (Smalley, Tinker and Taylor, 2002)，弹性模量 $E_m = 2.96\mathrm{GPa}$，泊松比 $\nu = 0.34$，密度 $\rho_m = 1417\mathrm{kg/m^3}$，薄膜厚度 $h = 60\mu\mathrm{m}$，充气压力 $p = 20\mathrm{Pa}$，焦距口径比 $f/D = 1.0$。

采用 ANSYS 建立充气抛物面薄膜有限元模型，模型建立及单元划分与 2.3 节中的抛物面薄膜相同。由于假设薄膜在充气成型后具有理想的抛物面形状，并且近似认为充气抛物面薄膜具有均匀的预张力，故在建立模型时同样是以理想的抛物面形状建立薄膜的有限元模型，通过降温方法对薄膜施加均匀的预张力。

采用式 (3.3.32) 求解充气抛物面薄膜的固有频率时，对给定的 n 值，在所关心的频率范围内计算矩阵行列式值，然后采用如图 3.4.1 所示的图解法，通过行列式值曲线和横坐标轴的交点来确定抛物面薄膜在给定 n 值下的各个固有频率值。

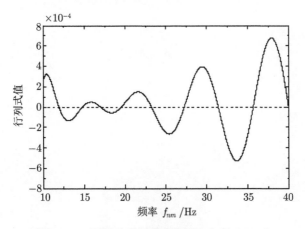

图 3.4.1　图解法求解薄膜的频率方程 ($n = 0$)

表 3.4.1 给出了解析方法与有限元方法得到的抛物面薄膜的固有频率。可以看出，两种方法获得的薄膜固有频率非常接近，最大误差为 2.19%，说明解析方法计算的固有频率具有较高的精度。由 ANSYS 计算得到的充气抛物面薄膜的固有振型如图 3.4.2 所示。

图 3.4.3 给出了解析方法得到的抛物面薄膜径向振型函数值 $U(r)$、$V(r)$ 和 $W(r)$ 与 ANSYS 对应的振型值 $U_a(r)$、$V_a(r)$ 和 $W_a(r)$ 之间的定量比较。从图 3.4.3 可以看出，解析方法得到的抛物面薄膜沿经线、纬线和法向三个方向的径向振型函数值与 ANSYS 得到的振型值吻合得很好。

表 3.4.1　充气抛物面薄膜固有频率解析解与有限元解的比较

n	m	解析解/Hz	有限元解/Hz	误差/%
0	1	11.893	11.797	0.81
	2	14.766	14.642	0.85
	3	16.963	16.682	1.68
	4	19.536	19.409	0.65
1	1	11.921	11.666	2.19
	2	14.139	13.926	1.53
	3	17.372	17.250	0.71
	4	21.139	21.115	0.11
2	1	12.751	12.496	2.04
	2	15.555	15.399	1.01
	3	19.099	19.026	0.38
	4	23.010	23.057	−0.20
3	1	13.747	13.492	1.89
	2	17.024	16.911	0.67
	3	20.812	20.797	0.07
	4	24.853	24.982	−0.52

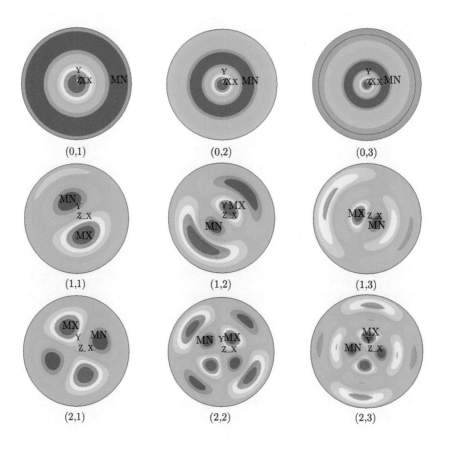

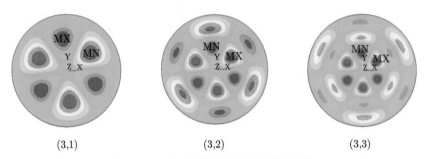

(3,1)　　　　　　　　　(3,2)　　　　　　　　　(3,3)

图 3.4.2　充气抛物面薄膜的固有振型

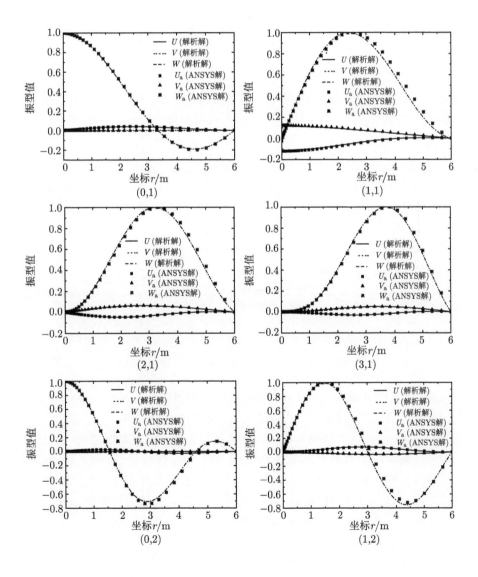

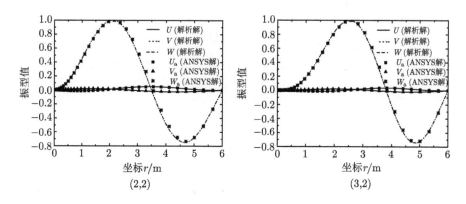

图 3.4.3　充气抛物面薄膜径向振型解析解与有限元解比较

考虑到实际结构中抛物面薄膜的焦距口径比和充气压力可能在一定范围内发生变化,下面分析这两个参数的变化对计算精度的影响。图 3.4.4 给出了充气压力为 20Pa, f/D 在 0.6~2.0 变化时的固有频率计算精度。图 3.4.5 给出了 $f/D = 1.0$,充气压力在 5~50 Pa 变化时的固有频率计算精度。

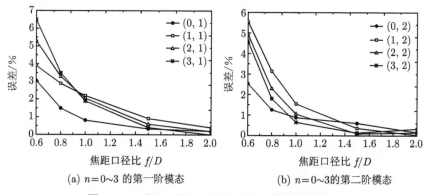

图 3.4.4　焦距口径比对固有频率计算精度的影响

从图 3.4.4 可以看出,解析方法得到的抛物面薄膜固有频率的精度随 f/D 的增大而提高。当 $f/D = 2.0$ 时,八阶模态的误差均在 1%以内,这主要是由于采用扁壳近似理论,当 f/D 值越大,也就是薄膜越扁时,计算精度越高。从图 3.4.5 可以看出,充气压力对轴对称模态 ($n = 0$) 和非轴对称模态 ($n = 1,2,3$) 的固有频率计算精度影响不同。对于轴对称模态,固有频率误差随充气压力的增大先减小后逐渐增大;对于非轴对称模态,固有频率误差随充气压力的增大先增大后减小或直接随充气压力的增大而减小。在充气压力从 5Pa 增加到 50Pa 的过程中,上述八阶模态的误差均在 2.5%以内。

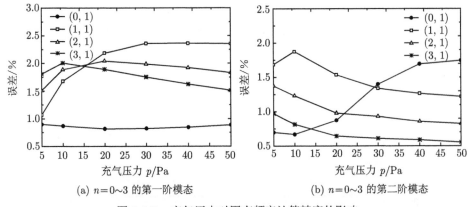

(a) $n=0\sim3$ 的第一阶模态 (b) $n=0\sim3$ 的第二阶模态

图 3.4.5 充气压力对固有频率计算精度的影响

3.5 充气抛物面薄膜反射器的动态特性

3.5.1 抛物面薄膜反射器力学模型

考虑一种由抛物面薄膜反射面和遮罩及一个充气圆环组成的抛物面薄膜反射器, 如图 3.5.1 所示。信号穿过上部透明遮罩, 被下部镀金属的反射面反射并收集。反射器结构通常采用厚度为几微米到几十微米的轻质薄膜制成, 内部充气压力较低, 因而能在气体意外泄漏的情况下提供补充气体。充气圆环为薄膜反射器提供半刚性支撑, 充气圆环所用膜片较厚且需保持很高的充气压力。

图 3.5.1 充气抛物面薄膜反射器

充气薄膜反射器的简化力学模型如图 3.5.2 所示, 其中反射面和遮罩均假设为充气压力作用下形成的理想抛物面薄膜, 充气圆环简化为不计剪切变形和转动惯量的标准弹性圆环。在分析反射器结构的固有振动时, 为了使分析的问题简化, 采用以下假设:

(1) 抛物面薄膜做小幅振动;

(2) 不计振动过程中内部充气压力的变化, 认为充气压力是作用在抛物面薄膜上的恒定载荷;

(3) 不考虑内部气体与结构的相互耦合作用。

将位于模型上部的抛物面薄膜称为**顶面薄膜**、位于下部的抛物面薄膜称为**底面薄膜**。在顶面和底面薄膜上分别建立各自的坐标系,坐标系建立方法与图 2.2.1 相同,顶面薄膜的位移记为 u^t、v^t 和 w^t,底面薄膜的位移记为 u^b、v^b 和 w^b。圆环的坐标系定义与图 1.4.1 相同,圆环的位移分别为 u_x、u_y 和 u_z。

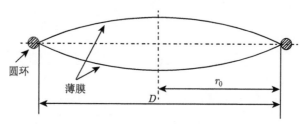

图 3.5.2   充气抛物面薄膜反射器的简化力学模型

3.5.2   薄膜与圆环之间的相互作用

充气薄膜反射器在振动过程中,抛物面薄膜与圆环在连接处应该满足位移连续性条件和力平衡条件,如图 3.5.3 和图 3.5.4 所示。

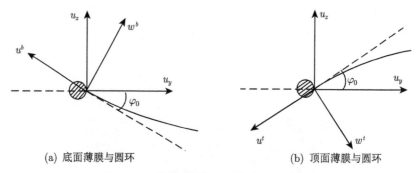

(a) 底面薄膜与圆环   (b) 顶面薄膜与圆环

图 3.5.3   薄膜与圆环之间位移连续性条件

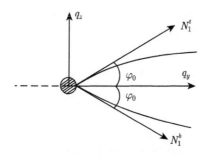

图 3.5.4   薄膜与圆环之间力平衡条件

根据位移连续性条件，抛物面薄膜在边界处各个方向的位移分量应等于圆环在相同方向的位移分量，从而得到抛物面薄膜的边界条件。对于底面薄膜，有

$$u^b(r_0, \theta, t) = -u_y(\theta, t)\cos\varphi_0 + u_z(\theta, t)\sin\varphi_0 \tag{3.5.1a}$$

$$v^b(r_0, \theta, t) = u_x(\theta, t) \tag{3.5.1b}$$

$$w^b(r_0, \theta, t) = u_y(\theta, t)\sin\varphi_0 + u_z(\theta, t)\cos\varphi_0 \tag{3.5.1c}$$

对于顶面薄膜，有

$$u^t(r_0, -\theta, t) = -u_y(\theta, t)\cos\varphi_0 - u_z(\theta, t)\sin\varphi_0 \tag{3.5.2a}$$

$$v^t(r_0, -\theta, t) = -u_x(\theta, t) \tag{3.5.2b}$$

$$w^t(r_0, -\theta, t) = u_y(\theta, t)\sin\varphi_0 - u_z(\theta, t)\cos\varphi_0 \tag{3.5.2c}$$

式中，上标 b 和 t 分别代表底面薄膜和顶面薄膜。

充气薄膜反射器自由振动时薄膜边界处的位移可由式 (3.3.3) 和式 (3.3.25) 确定，圆环的位移可以通过薄膜施加在圆环上的作用力计算得到，如图 3.5.4 所示。由抛物面薄膜与圆环之间相互作用力的平衡条件可知，顶面和底面的薄膜由于振动产生的经向张力 N_1^b 和 N_1^t 将对圆环产生大小相等、方向相反的拉力，这两个拉力产生的沿圆环径向和竖向的分布载荷为

$$q_y(\theta, t) = \left[N_1^t(r_0, \theta, t) + N_1^b(r_0, \theta, t) \right]\cos\varphi_0 \tag{3.5.3a}$$

$$q_z(\theta, t) = \left[N_1^t(r_0, \theta, t) - N_1^b(r_0, \theta, t) \right]\sin\varphi_0 \tag{3.5.3b}$$

由式 (3.2.27) 求出 N_1^b 和 N_1^t，然后代入式 (3.5.3)，有

$$q_y(\theta, t) = Q_y \cos n\theta \mathrm{e}^{\mathrm{j}\omega t} \tag{3.5.4a}$$

$$q_z(\theta, t) = Q_z \cos n\theta \mathrm{e}^{\mathrm{j}\omega t} \tag{3.5.4b}$$

其中

$$Q_y = \left[(A_1^t + A_1^b)S_1(r_0) + (A_2^t + A_2^b)S_2(r_0) + (A_3^t + A_3^b)S_3(r_0) \right]\cos\varphi_0 \tag{3.5.5a}$$

$$Q_z = \left[(A_1^t - A_1^b)S_1(r_0) + (A_2^t - A_2^b)S_2(r_0) + (A_3^t - A_3^b)S_3(r_0) \right]\sin\varphi_0 \tag{3.5.5b}$$

式中

$$S_1(r) = \frac{n-2}{4}\alpha r^n, \quad S_2(r) = (n - n^2)r^{n-2}, \quad S_3(r) = -\frac{n^2}{r^2}T_n(\lambda r) + \frac{1}{r}\frac{\mathrm{d}T_n(\lambda r)}{\mathrm{d}r}$$

　　圆环上作用的径向分布荷载 q_y 将使圆环产生面内振动，而作用在圆环上的竖向分布荷载 q_z 将使圆环产生面外振动。对于不考虑剪切变形和转动惯量的圆环，其振动方程为 (Rao, 2007)

$$\frac{EA}{R^2}\left(\frac{\partial^2 u_x}{\partial\theta^2} - \frac{\partial u_y}{\partial\theta}\right) + \frac{EI_z}{R^4}\left(\frac{\partial^2 u_x}{\partial\theta^2} + \frac{\partial^3 u_y}{\partial\theta^3}\right) = \rho A\frac{\partial^2 u_x}{\partial t^2} \tag{3.5.6a}$$

$$\frac{EA}{R^2}\left(\frac{\partial u_x}{\partial\theta} - u_y\right) - \frac{EI_z}{R^4}\left(\frac{\partial^3 u_x}{\partial\theta^3} + \frac{\partial^4 u_y}{\partial\theta^4}\right) + q_y = \rho A\frac{\partial^2 u_y}{\partial t^2} \tag{3.5.6b}$$

$$\frac{\partial^6 u_z}{\partial\theta^6} + 2\frac{\partial^4 u_z}{\partial\theta^4} + \frac{\partial^2 u_z}{\partial\theta^2} + \frac{\rho AR^4}{EI_y}\frac{\partial^4 u_z}{\partial\theta^2\partial t^2} - \frac{\rho AR^4}{GJ}\frac{\partial^2 u_z}{\partial t^2}$$
$$- \frac{R^4}{EI_y}\frac{\partial^2 q_z}{\partial\theta^2} + \frac{R^4}{GJ}q_z = 0 \tag{3.5.6c}$$

式中，E 和 G 分别为圆环的弹性模量和剪切模量，ρ 为圆环质量密度，A 为圆环横截面面积，R 为圆环半径，I_z 和 I_y 分别为圆环面内和面外抗弯惯性矩，J 是圆环横截面的抗扭惯性矩。

　　由于式 (3.5.4) 中的分布载荷均为简谐力，故分布载荷产生的圆环稳态响应亦为简谐形式，故设稳态解为

$$u_x(\theta,t) = U_x\cos n\theta\mathrm{e}^{\mathrm{j}\omega t}, \quad u_y(\theta,t) = U_y\sin n\theta\mathrm{e}^{\mathrm{j}\omega t}, \quad u_z(\theta,t) = U_z\cos n\theta\mathrm{e}^{\mathrm{j}\omega t} \tag{3.5.7}$$

将式 (3.5.7) 代入式 (3.5.6)，得

$$U_x = \frac{Q_y}{K_1}, \quad U_y = \frac{Q_y}{K_2}, \quad U_z = \frac{Q_z}{K_3} \tag{3.5.8}$$

式中

$$K_1 = \frac{n^2(n^2-1)^2 EAEI_z - \rho A\omega^2 R^2\left[(n^2+1)(n^2 EI_z + EAR^2) - \rho A\omega^2 R^4\right]}{[n^2(EI_z + EAR^2) - \rho A\omega^2 R^4]R^2},$$

$$K_2 = \frac{n^2(n^2-1)^2 EI_z EA - \rho A\omega^2 R^2\left[(n^2+1)(n^2 EI_z + EAR^2) - \rho A\omega^2 R^4\right]}{-n(n^2 EI_z + EAr_0^2)R^2},$$

$$K_3 = \frac{n^2(n^2-1)^2 EI_y GJ - \rho A\omega^2 R^4(n^2 GJ + EI_y)}{(n^2 GJ + EI_y)R^4}$$

3.5.3　抛物面薄膜反射器固有振动

　　将薄膜边界处的位移和圆环的位移代入边界条件 (3.5.1) 和式 (3.5.2)，可以得到关于薄膜位移中待定系数的齐次代数方程组，其矩阵形式为

$$\begin{bmatrix} a_{11} & a_{12} & a_{13} & a_{14} & a_{15} & a_{16} \\ a_{21} & a_{22} & a_{23} & a_{24} & a_{25} & a_{26} \\ a_{31} & a_{32} & a_{33} & a_{34} & a_{35} & a_{36} \\ a_{41} & a_{42} & a_{43} & a_{44} & a_{45} & a_{46} \\ a_{51} & a_{52} & a_{53} & a_{54} & a_{55} & a_{56} \\ a_{61} & a_{62} & a_{63} & a_{64} & a_{65} & a_{66} \end{bmatrix} \begin{Bmatrix} A_1^b \\ A_2^b \\ A_3^b \\ A_1^t \\ A_2^t \\ A_3^t \end{Bmatrix} = \begin{Bmatrix} 0 \\ 0 \\ 0 \\ 0 \\ 0 \\ 0 \end{Bmatrix}, \quad n > 0 \qquad (3.5.9a)$$

或

$$\begin{bmatrix} a_{11} & a_{13} & a_{14} & a_{16} \\ a_{31} & a_{33} & a_{34} & a_{36} \\ a_{41} & a_{43} & a_{44} & a_{46} \\ a_{61} & a_{63} & a_{64} & a_{66} \end{bmatrix} \begin{Bmatrix} A_1^b \\ A_3^b \\ A_1^t \\ A_3^t \end{Bmatrix} = \begin{Bmatrix} 0 \\ 0 \\ 0 \\ 0 \end{Bmatrix}, \quad n = 0 \qquad (3.5.9b)$$

式中, $a_{ij} (i = 1, 2, \cdots, 6; \ j = 1, 2, \cdots, 6)$ 为固有频率的函数, 表示为

$$a_{1i} = \begin{cases} X_i(r_0) + \dfrac{S_i(r_0)\cos^2\varphi_0}{K_1} + \dfrac{S_i(r_0)\sin^2\varphi_0}{K_3}, & i = 1, 2, 3 \\[3mm] \dfrac{S_{i-3}(r_0)\cos^2\varphi_0}{K_1} - \dfrac{S_{i-3}(r_0)\sin^2\varphi_0}{K_3}, & i = 4, 5, 6 \end{cases}$$

$$a_{2i} = \begin{cases} Y_i(r_0) + \dfrac{S_i(r_0)\cos\varphi_0}{K_2}, & i = 1, 2, 3 \\[3mm] \dfrac{S_{i-3}(r_0)\cos\varphi_0}{K_2}, & i = 4, 5, 6 \end{cases}$$

$$a_{3i} = \begin{cases} Z_i(r_0) - \dfrac{S_i(r_0)\sin 2\varphi_0}{2K_1} + \dfrac{S_i(r_0)\sin 2\varphi_0}{2K_3}, & i = 1, 2, 3 \\[3mm] -\dfrac{S_{i-3}(r_0)\sin 2\varphi_0}{2K_1} - \dfrac{S_{i-3}(r_0)\sin 2\varphi_0}{2K_3}, & i = 4, 5, 6 \end{cases}$$

$$a_{4i} = \begin{cases} \dfrac{S_i(r_0)\cos^2\varphi_0}{K_1} - \dfrac{S_i(r_0)\sin^2\varphi_0}{K_3}, & i = 1, 2, 3 \\[3mm] X_{i-3}(r_0) + \dfrac{S_{i-3}(r_0)\cos^2\varphi_0}{K_1} + \dfrac{S_{i-3}(r_0)\sin^2\varphi_0}{K_3}, & i = 4, 5, 6 \end{cases}$$

$$a_{5i} = \begin{cases} \dfrac{S_i(r_0)\cos\varphi_0}{K_2}, & i = 1, 2, 3 \\[3mm] Y_{i-3}(r_0) + \dfrac{S_{i-3}(r_0)\cos\varphi_0}{K_2}, & i = 4, 5, 6 \end{cases}$$

$$a_{6i} = \begin{cases} -\dfrac{S_i(r_0)\sin 2\varphi_0}{2K_1} - \dfrac{S_i(r_0)\sin 2\varphi_0}{2K_3}, & i = 1, 2, 3 \\[3mm] Z_{i-3}(r_0) - \dfrac{S_{i-3}(r_0)\sin 2\varphi_0}{2K_1} + \dfrac{S_{i-3}(r_0)\sin 2\varphi_0}{2K_3}, & i = 4, 5, 6 \end{cases}$$

根据式 (3.5.9)，充气薄膜反射器的频率方程为

$$\det\left(\begin{bmatrix} a_{11} & a_{12} & a_{13} & a_{14} & a_{15} & a_{16} \\ a_{21} & a_{22} & a_{23} & a_{24} & a_{25} & a_{26} \\ a_{31} & a_{32} & a_{33} & a_{34} & a_{35} & a_{36} \\ a_{41} & a_{42} & a_{43} & a_{44} & a_{45} & a_{46} \\ a_{51} & a_{52} & a_{53} & a_{54} & a_{55} & a_{56} \\ a_{61} & a_{62} & a_{63} & a_{64} & a_{65} & a_{66} \end{bmatrix}\right) = 0, \quad n > 0 \tag{3.5.10a}$$

或

$$\det\left(\begin{bmatrix} a_{11} & a_{13} & a_{14} & a_{16} \\ a_{31} & a_{33} & a_{34} & a_{36} \\ a_{41} & a_{43} & a_{44} & a_{46} \\ a_{61} & a_{63} & a_{64} & a_{66} \end{bmatrix}\right) = 0, \quad n = 0 \tag{3.5.10b}$$

由式 (3.5.9) 和式 (3.5.10) 可以计算出充气薄膜反射器的固有频率及其振型函数中的待定系数，具体求解方法见 3.4 节，这里不再赘述。

3.5.4　算例

以图 3.5.1 所示的充气抛物面薄膜反射器为例，将解析方法得到的固有频率和固有振型与 ANSYS 有限元计算结果进行对比。设顶面和底面薄膜具有相同的几何形状且采用相同的材料制作，薄膜几何参数及材料参数与 4.3.4 节中的算例相同，内部充气压力为 20Pa。边界支撑圆环参数为：弹性模量 $E = 588\text{GPa}$，质量密度 $\rho = 2370\text{kg/m}^3$，横截面为半径 0.1m 的圆。

充气薄膜反射器的有限元模型如图 3.5.5 所示，顶面和底面薄膜的有限元模型与 3.3 节中的抛物面薄膜相同。边界处的圆环采用 Beam4 单元模拟，沿环向划分 72 个单元，圆环与薄膜在连接位置处具有相同的节点。整个有限元模型共5256 个单元。充气压力在薄膜内产生的预张力在 ANSYS 中采用对薄膜降温的方法予以模拟。

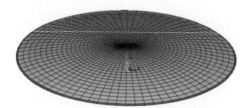

图 3.5.5　充气抛物面薄膜反射器有限元模型

表 3.5.1 给出了充气薄膜反射器解析方法与有限元方法得到的固有频率。因反射器是一个关于圆环所在平面的对称结构，故其模态可以分为关于圆环平面对

称和反对称两种。可以看出，两种方法计算得到的固有频率非常接近，对称模态的最大误差为 2.24%，反对称模态的最大误差为 2.18%，说明解析方法计算的固有频率具有较高精度。

表 3.5.1　充气薄膜反射器解析法与有限元法固有频率比较

	模态阶数 (n, m)	本文方法/Hz	有限元法/Hz	误差/%
	$1(2, 1)$	9.7980	10.023	−2.24
	$2(1, 1)$	11.920	11.667	2.17
	$3(0, 1)$	11.893	11.797	0.81
对称模态	$4(2, 2)$	12.861	12.547	2.50
	$5(3, 1)$	13.723	13.479	1.81
	$6(1, 2)$	14.136	13.927	1.50
	$7(0, 2)$	14.766	14.642	0.85
	$8(3, 2)$	17.008	16.904	0.62
	$1(2, 1)$	9.088	9.083	0.06
	$2(1, 1)$	11.928	11.673	2.18
	$3(0, 1)$	11.895	11.797	0.83
反对称模态	$4(2, 2)$	12.769	12.517	2.01
	$5(3, 1)$	13.744	13.488	1.90
	$6(1, 2)$	14.142	13.932	1.51
	$7(0, 2)$	14.774	14.651	0.84
	$8(3, 2)$	17.020	16.907	0.67

图 3.5.6 给出了 ANSYS 计算得到的充气薄膜反射器及其边界圆环的固有振型。从图 3.5.6 可以看出，当上下两层薄膜对称振动时，圆环仅做面内振动；而

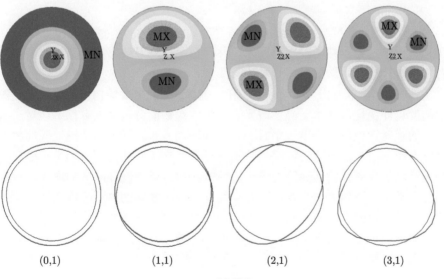

(a) 对称模态

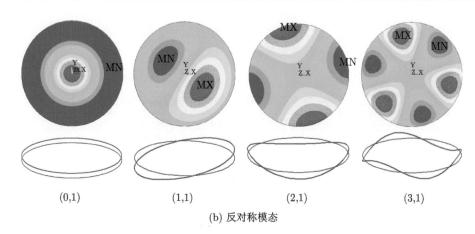

| (0,1) | (1,1) | (2,1) | (3,1) |

(b) 反对称模态

图 3.5.6   充气薄膜反射器及其支撑圆环的振型

当上下两层薄膜反对称振动时，圆环仅做面外振动。这是因为在上下两层薄膜对称振动时，两层薄膜对圆环的拉力仅在圆环上存在作用于径向的合力，竖向合力等于零，反之在上下两层薄膜反对称振动时，两层薄膜对圆环的拉力仅在圆环上产生竖向的合力，径向合力等于零。另外，充气薄膜反射器振动时，抛物面薄膜与圆环具有相同的环向振型波数。

图 3.5.7 对解析方法得到的抛物面薄膜径向振型函数值 $U(r)$、$V(r)$ 和 $W(r)$ 与 ANSYS 相应的振型值 $U_a(r)$、$V_a(r)$ 和 $W_a(r)$ 进行了定量比较。可以看出，由解析方法得到的抛物面薄膜沿经线、纬线和法向三个方向的径向振型函数值与 ANSYS 得到的固有振型值均吻合很好。

为了分析圆环刚度对反射器结构固有频率的影响，令圆环的弹性模量在 0.1~10 倍变化，计算反射器结构的固有频率，并与自由圆环及边界固支的抛物面薄膜的固有频率进行比较，结果如图 3.5.8 所示。

从图 3.5.8 可以看出，对于 $n=0$ 和 1 的模态，反射器结构固有频率不随圆环刚度的变化而变化，基本上等于边界固支充气抛物面薄膜的固有频率；对于 $n=2$ 和 3 的模态，当圆环刚度较小时，即当圆环固有频率低于固支抛物面薄膜的第一阶固有频率时，反射器结构第一阶固有频率略高于圆环的固有频率，第二阶固有频率略高于固支抛物面薄膜的第一阶固有频率。随着圆环刚度的增大，反射器结构固有频率逐渐增大，当圆环固有频率大于固支薄膜的第一阶固有频率时，反射器结构第一阶固有频率趋向于固支圆环的第一阶固有频率；当圆环固有频率大于固支薄膜的第二阶固有频率时，反射器结构第二阶固有频率趋向于固支圆环的第二阶固有频率。

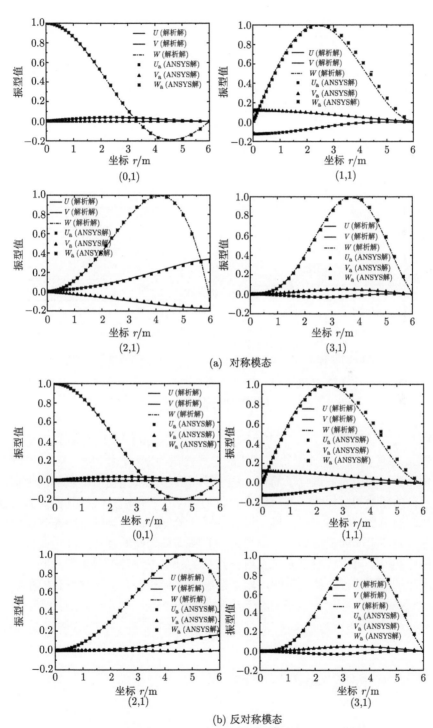

(a) 对称模态

(b) 反对称模态

图 3.5.7 充气薄膜反射器径向振型函数解析解与有限元解的比较

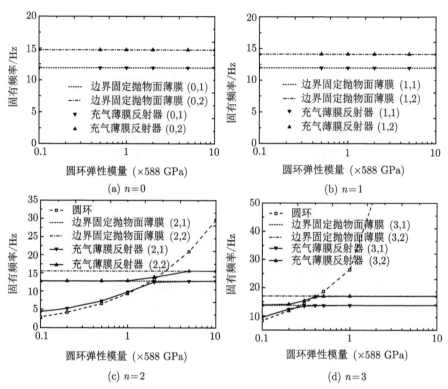

图 3.5.8　圆环刚度对薄膜反射器固有频率的影响 (对称模态)

　　针对理想状态下的充气抛物面薄膜，基于 Donnell 非线性薄壳理论，采用 Hamilton 原理获得了充气抛物面薄膜的非线性振动方程，并根据 Donnell 简化理论及扁壳近似理论对其进行了简化，进一步得到了充气抛物面薄膜的线性振动方程及其自由振动的解析解。考虑边界固定的情况，获得了充气抛物面薄膜的频率方程和振型函数，并与有限元模型进行了对比验证。此外，针对由充气抛物面薄膜和充气圆环组成的反射器结构，根据薄膜和圆环之间的位移连续性条件及力平衡条件，获得了自由状态下充气反射器结构的频率方程和振型函数，并与有限元模型进行了对比验证。结果表明，本章给出的解析分析方法具有很高的精度。

第 4 章　空间环形桁架结构热致振动

大型空间结构在轨运行时会受到来自太阳光辐射、地球反射等影响，导致结构发生热致振动。针对大型环形桁架天线结构，本章考虑太阳辐射、地球红外辐射、地球反射辐射等因素，采用节点网络的建模方式，通过一些简化手段获得桁架结构各部分热流，继而通过对环形桁架均值节点热流出入计算，获得了整个环形桁架在轨运行周期内的各项热流分布和温度响应，分析了在轨运行时间跨度上的温度变化及热致振动问题。

4.1　坐标系及坐标变换

建立环形桁架的轨道坐标系 O_1-$X_1Y_1Z_1$ 和本体坐标系 O_2-$X_2Y_2Z_2$，其中 O_1 为地球中心，X_1 和 Y_1 位于环形桁架轨道平面且相互垂直，Z_1 垂直于环面；O_2 为环形桁架中心，X_2 和 Y_2 处于环面且相互垂直，Z_2 垂直于环面，如图 4.1.1 所示。设环形桁架处于地球同步轨道且天线反射面始终指向目标位置 (地球中心 O_1)，桁架各个节点的本体坐标不随其轨道运动而变化。

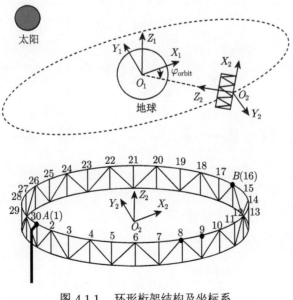

图 4.1.1　环形桁架结构及坐标系

　　环形桁架各节点在 $O_2\text{-}X_2Y_2Z_2$ 上的本体坐标由环形桁架的口径和高度确定。如图 4.4.1 所示,特征点 A 处为固定环形天线反射面的支撑臂,距离 A 端最远处为特征点 B,上层圆环上桁架节点分别为 1~30。为计算桁架与太阳辐射、地球红外辐射及地球反照辐射几何关系,需要将各桁架节点由本体坐标转换到轨道坐标系 $O_1\text{-}X_1Y_1Z_1$。记环形桁架在轨道平面位置的角度为 φ_{orbit}、桁架上某一节点 j 的本体坐标为 (x_2^j, y_2^j, z_2^j),则该节点轨道坐标为

$$\left\{\begin{array}{c} x_2^j \\ y_2^j \\ z_2^j \end{array}\right\} = \left[\begin{array}{ccc} \cos\varphi_{\mathrm{orbit}} & 0 & -\sin\varphi_{\mathrm{orbit}} \\ \sin\varphi_{\mathrm{orbit}} & 0 & \cos\varphi_{\mathrm{orbit}} \\ 0 & -1 & 0 \end{array}\right] \left\{\begin{array}{c} x_1^j \\ y_1^j \\ z_1^j \end{array}\right\} \tag{4.1.1}$$

4.2　热流计算

　　作为大型空间可展开索-网天线的支撑结构,环形桁架结构由众多桁架组成。桁架多为细长杆件结构,受太阳辐射轴向温差较大,周向温差极小。采用节点网络方法,将桁架杆件等分并简化到若干个集中质量的节点上,每个节点有相同温度、热流和有效辐射,如图 4.2.1 所示。这种方法划分单元简单,对于较多节点亦能反映实际情况,可以使用向后差分法计算每个时间步的热流出入和瞬时温度。这里考虑了桁架节点之间的传导和自身对外辐射的影响。

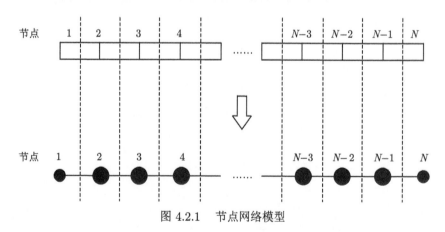

图 4.2.1　节点网络模型

　　设环形桁架天线工作在同步轨道,由于轨道高、空气稀薄,故忽略大气摩擦生热的影响。桁架第 j 部分的热平衡方程为

$$c_j\rho_j A_j l_j \frac{\mathrm{d}T_j}{\mathrm{d}t} = Q_j^{\mathrm{sr}} + Q_j^{\mathrm{ir}} + Q_j^{\mathrm{ar}} + Q_j^{\mathrm{hc}} + Q_j^{\mathrm{out}} \tag{4.2.1}$$

式中，c_j、ρ_j 和 A_j 分别为第 j 部分的比热容、质量密度和横截面面积。l_j 和 T_j 分别为第 j 部分的杆长和温度；$\mathrm{d}T_j/\mathrm{d}t$ 表示第 j 部分的温度变化率，Q_j^{sr}、Q_j^{ir} 和 Q_j^{ar} 分别为第 j 部分的太阳辐射热流、地球红外辐射热流和地球反射辐射热流；Q_j^{hc} 为第 j 部分的杆间传导热流，Q_j^{out} 为第 j 部分自身的对外散热热流。计算第 j 部分各项热流需要的其他参数定义如图 4.2.2 所示。

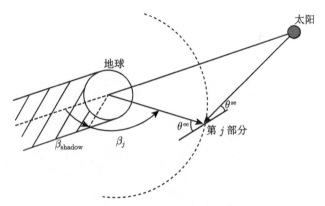

图 4.2.2　轨道上角度参数的定义

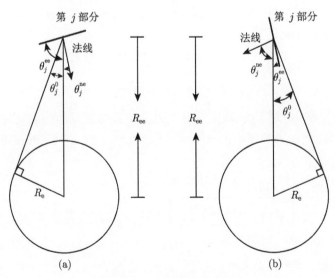

图 4.2.3　红外辐射角参数

4.2.1　太阳辐射

太阳直接辐射与桁架杆单元之间的夹角随着轨道位置的变化而变化，若环形桁架进入地球阴影区，则不受太阳辐射。杆件受太阳辐射时，朝阳的正面受照射，反面不受照射, 故对杆单元部分在正面半周积分。设桁架均为薄壁圆筒结构, 考虑单元材料对太阳辐射的吸收率, 可以获得第 j 部分受到太阳辐射的热流, 即

$$Q_j^{\text{sr}} = \int_{-\frac{\pi}{2}}^{\frac{\pi}{2}} a_{\text{sr}} I_{\text{sun}} |\sin \theta_j^{\text{se}}| \cos \theta \cdot \frac{d_j l_j}{2} \mathrm{d}\theta \tag{4.2.2}$$

对式 (4.2.2) 求积分, 有 (Williams and Yeo, 2003)

$$Q_j^{\text{sr}} = \begin{cases} d_j l_j \cdot a_{\text{sr}} I_{\text{sun}} |\sin \theta_j^{\text{se}}|, & |\beta_j| > |\beta_{\text{shadow}}| \\ 0, & |\beta_j| \leqslant |\beta_{\text{shadow}}| \end{cases} \tag{4.2.3}$$

式中, a_{sr} 为杆件材料对太阳辐射的吸收率, I_{sun} 为地球同步轨道上的太阳辐射强度, θ_j^{se} 为第 j 部分桁架单元轴向与太阳辐射的夹角, d_j 为第 j 部分薄壁圆环截面的直径, β_j 为第 j 部分背阳的角度, β_{shadow} 为环形桁架入地球阴影的角度, 如图 4.2.2 所示。

4.2.2　地球红外辐射

地球红外辐射角系数与桁架所处角度和位置有关, 设 θ_j^{ee} 为地心、中心连线与第 j 部分轴线的夹角, 记 $\theta_j^0 = \arcsin(R_{\text{ee}}/R_{\text{e}})$ 为地心、中心连线与中心关于地球切线的夹角, 如图 4.2.3 所示。图 4.2.3(a) 表示下桁架单元单面受地球红外辐射, 图 4.2.3(b) 表示下桁架单元双面受地球红外辐射, 不同情况下的视角因素 f_j 不同 (Thornton, 1996)。

(a) 当 $\theta_j^0 \leqslant \theta_j^{\text{ee}} \leqslant \dfrac{\pi}{2}$ 时, 单面辐射, 对应的视角因素为

$$f_j = |\sin \theta_j^{\text{ee}}| \sin^2 \theta_j^0 \tag{4.2.4}$$

(b) 当 $0 \leqslant \theta_j^{\text{ee}} \leqslant \theta_j^0$ 时, 双面辐射。记第 j 部分正反面的法向方向与第 j 部分中心、地心连线的夹角 θ_j^{ne} 为 $\pi/2 - \theta^{\text{ee}}$ 和 $\pi/2 + \theta^{\text{ee}}$, 对应的视角因素是

$$\begin{aligned} f_j = &\frac{\sin^2 \theta_j^{\text{ne}} \cos \theta_j^{\text{ne}}}{\pi} \left[\frac{\pi}{2} + \arcsin(\cot \theta_j^{\text{ne}} \cot \theta_j^0) \right] \\ &+ \frac{1}{\pi} \arcsin \left[\frac{\sqrt{\sin^2 \theta_j^0 - \cos^2 \theta_j^{\text{ne}}}}{\sin \theta_j^{\text{ne}}} \right] - \frac{1}{\pi} \cos \theta_j^0 \sqrt{\sin^2 \theta_j^0 - \cos^2 \theta_j^{\text{ne}}} \end{aligned} \tag{4.2.5}$$

此时, 视角因素 f_j 为正面 $\theta_j^{\text{ne}} = \pi/2 - \theta^{\text{ee}}$ 与反面 $\theta_j^{\text{ne}} = \pi/2 + \theta^{\text{ee}}$ 的视角因素之和。首先判断第 j 部分桁架单元的视角因素, 进而计算出地球红外辐射热流

$$Q_j^{\text{ir}} = d_j l_j \cdot a_{\text{ir}} \sigma f_j T_e^4 \tag{4.2.6}$$

式中, a_{ir} 为杆件材料对地球红外辐射的吸收率, $\sigma = 5.67 \times 10^{-8} \text{W/m}^2 \cdot \text{K}$ 为 Stefan-Boltzmann 常数, $T_e = 288\text{K}$ 是地球的等效黑体温度。

4.2.3　地球反射辐射

地球反射辐射加热的计算类似于地球红外辐射，同样也是长波辐射。地球反射辐射的辐射吸收率为 a_{ir}，视角因素 f_j 同上述地球红外辐射，它与第 j 部分轴线与地心的连线的夹角 θ_j^{ee} 等有关。地球反射辐射加热表达式是

$$Q_j^{\mathrm{ar}} = \begin{cases} d_j l_j \cdot a I_{\mathrm{sun}} a_{\mathrm{ir}} f_j |\sin\theta_j^{\mathrm{ee}}| \cos\psi_j, & \cos\psi_j \geqslant 0 \\ 0, & \cos\psi_j < 0 \end{cases} \qquad (4.2.7)$$

式中，$a = 0.367$ 为地球反射太阳辐射率，ψ_j 为第 j 部分的太阳天顶角。

4.2.4　单元间热传导

依据图 4.2.1 所示的单根桁架节点网格划分，单根桁架两端的单元仅向单方向传导热流，中间单元与相邻的两个单元传导热流，故第 j 部分杆间传导加热为

$$Q_j^{\mathrm{hc}} = \begin{cases} k_j(T_{j+1} - T_j)/H_j \cdot A_j, & j = 1 \\ k_j(T_{j+1} + T_{j-1} - 2T_j)/H_j \cdot A_j, & j = 2, \cdots, n-1 \\ k_j(T_{j-1} - T_j)/H_j \cdot A_j, & j = n \end{cases} \qquad (4.2.8)$$

式中，k_j 为第 j 部分与相邻单元间的导热系数，H_j 为单元间的距离，A_j 为第 j 部分的横截面面积。式 (4.2.8) 是均质单元间的 Fourier 热传导定律，若多桁架相接，公共节点表征的单元有多个相邻单元，则有来自多个方向的传导热流，此时 Q_j^{hc} 为各方向传导热流的总和。

4.2.5　单元对外辐射

设每个均质单元均为灰体，则第 j 部分对外太空的辐射为

$$Q_j^{\mathrm{out}} = \pi d_j l_j \cdot \sigma\varepsilon T_j^4 \qquad (4.2.9)$$

式中，ε 为单元等效成灰体的灰度，即单元对外辐射的发射率。

4.3　算　　例

基于各项热流的计算方法，将环形桁架划分成多个均质节点网络并拼接节点，通过向后差分法计算每个时间步温度场的瞬态响应。基于 MATLAB 编程实现上述环形桁架结构在轨运行时瞬态温度场的仿真计算，以考察大型环形桁架在轨热环境、热变形及热致振动。

考虑碳纤维材料制作的环形桁架结构，因温度引起的热变形较小，故忽略结构变形对于环形桁架瞬态温度场的影响。将桁架视为刚体，各项辐射因素的夹角关系

仅与桁架轨道坐标位置有关。环形桁架直径 $D = 12.5\text{m}$，竖杆 $l_v = 2.3\text{m}$。$O_2X_2Y_2$ 平面上的圆环为 30 等分、15 个晶胞单元组成，即横杆长 $l_l = D\sin(\pi/15)/2$、斜杆长 $l_d = \sqrt{l_l^2 + l_v^2}$、横截面直径 $d = 10\text{mm}$、壁厚 $h = 2\text{mm}$，如图 4.3.1 所示。整个桁架共计 120 根杆件，每根杆件取 10 等分，故整个环形桁架共计 1140 个节点，节点分配的质量与关联的单元有关。组成环形桁架的杆件材料取碳纤维材料 M60J，参数见表 4.3.1 所示。

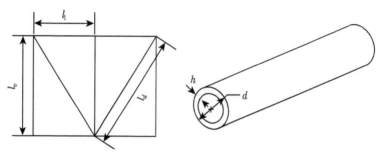

图 4.3.1   环形桁架晶胞及参数

表 4.3.1   碳纤维材料参数

$\rho/(\text{kg/m}^3)$	$c/(\text{J/kg·K})$	$k/(\text{W/m·K})$	a_{sr}	a_{ir}	ε
1930	170	151.95	0.5	0.5	0.13

为便于计算，以春分日地球同步轨道为例，一个轨道周期约为 86400s，此时太阳中心恰好处于轨道平面。设初始时刻整个桁架的初始温度均为 293.15K，计算三个周期环形桁架在轨温度场响应，热流分析如图 4.3.2 所示。

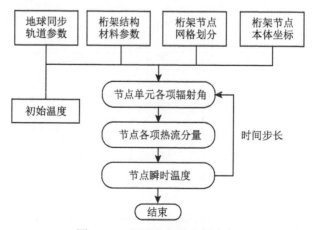

图 4.3.2   环形桁架热分析流程

考虑环形桁架上特征点 A 在轨运行三个周期的各项热流变化情况,如图 4.3.3 所示。可以看出,特征点 A 的各项热流呈周期性变化,在地球同步轨道上影响瞬态温度响应的主要因素是吸收太阳辐射和桁架对外辐射,以及小部分杆系之间的热传导,而地球红外辐射和太阳辐射的影响很小。进出地球阴影出现太阳辐射热流突变为零,符合太阳辐射加热的假设条件。特征点 A 即节点 1 的地球红外辐射始终保持不变,反照辐射在背太阳半球为零,符合地球红外辐射与反照辐射的假设条件。

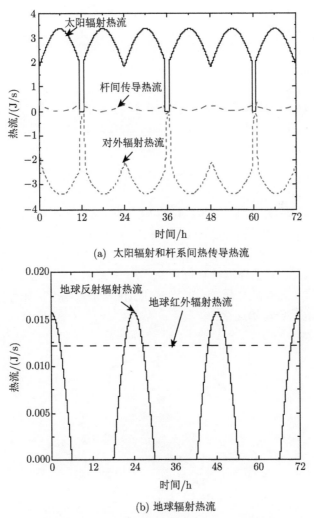

(a) 太阳辐射和杆系间热传导热流

(b) 地球辐射热流

图 4.3.3　环形桁架在轨运行时 A 点的热流

图 4.3.4 给出了环形桁架特征点 1、8、9、16 的三个轨道周期瞬态温度响应。

可以看出，各部分的瞬态温度响应呈周期性变化，不同均质节点的瞬态温度变化不同。出地球阴影时，均质节点温度骤变，各节点变化规律相似。需要注意的是，出地球阴影时，温度出现骤升，易引起结构的热变形、热致振动。各均质节点在轨运行中，相互之间存在一定温差，可能出现较大的热变形和关节滑移。在 1/4 周期处，某些节点温度很高，某些节点温度较低，导致较大的温差出现，可以导致受热不均而引起热应变积聚现象。

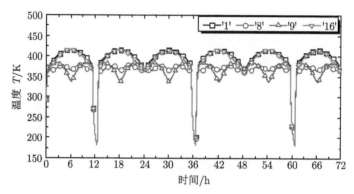

图 4.3.4　环形桁架特征点的瞬态温度

环形桁架在轨运行一周，同步轨道近似为圆，选取平面轨道上轨道角度 φ_{orbit} 为 0°、45°、90°、135°，阴影区 180°、190°、195° 及 225°、270°、315° 共 10 个轨道位置，如图 4.3.5 所示。图 4.3.6(a)~(j) 给出了环形桁架在轨运行各时刻的温度场云图。可以看出，当环形桁架位于 90° 和 270° 时，桁架整体温度最高，一旦进入地球阴影区，温度降至最低。桁架最高温度与最低温度间相差近 200K，温差在环形桁架在轨运行时始终存在。

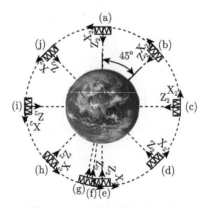

图 4.3.5　环形桁架在轨位置

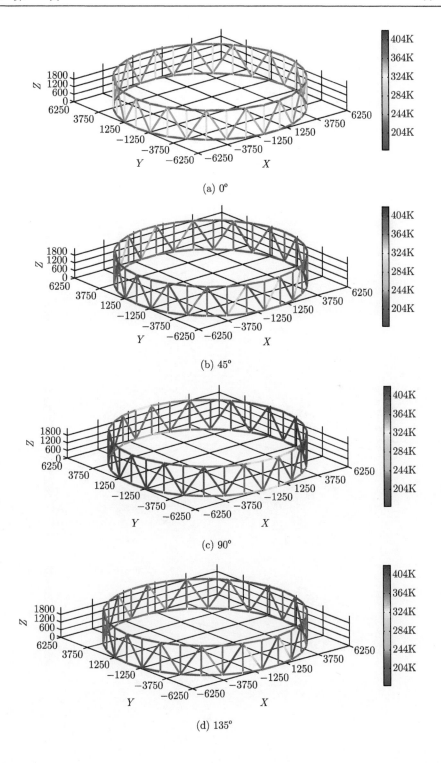

(a) 0°

(b) 45°

(c) 90°

(d) 135°

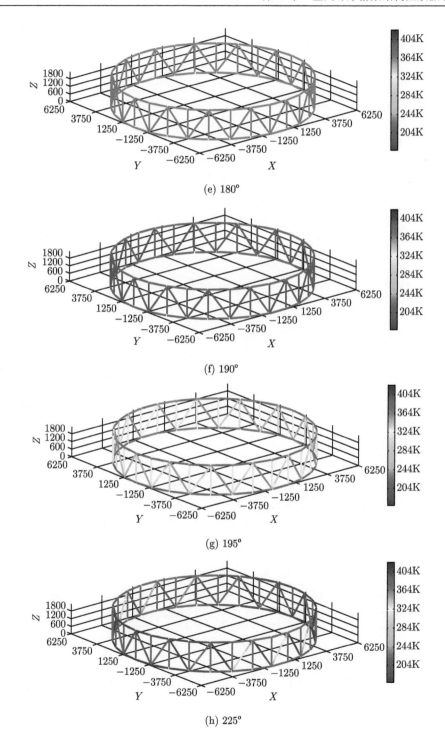

(e) 180°

(f) 190°

(g) 195°

(h) 225°

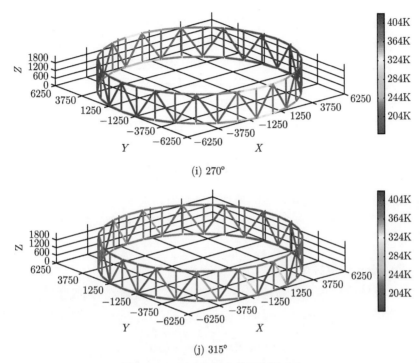

(i) 270°

(j) 315°

图 4.3.6　环形桁架在轨温度场分布

表 4.3.2 给出了在轨位置 (a)～(j) 处环形桁架上的最高温度、最高温度节点位置、最低温度、最低温度节点位置，以及节点间的最大温差。可以看出，在同一时刻，桁架不同节点间始终存在着温差，甚至达到 130K，以致很容易出现热应力集中，诱发关节间隙滑动现象。在轨运行不同位置的最高温度、最低温度存在不同且最高温度、最低温度节点位置亦不尽相同。在阴影区时桁架节点间温差相对较小，而在日照区时反而易出现不均匀热变形等现象。

表 4.3.2　各种工况下的温度

位置	轨道角度/(°)	最高温度/K	最高温度节点位置	最低温度/K	最低温度节点位置	温差/K
(a)	0	399.64	(731, 740)	272.84	(119)	126.79
(b)	45	410.69	(461, 470)	303.54	(1073)	107.15
(c)	90	415.14	(874, 1002, 1009, 1137)	304.54	(667, 804)	110.60
(d)	135	411.34	(335, 596)	325.86	(1064)	85.48
(e)	180	224.38	(731, 740)	220.88	(128, 272)	3.49
(f)	190	212.22	(731, 740)	183.10	(128, 272)	29.12
(g)	195	388.43	(605, 866)	272.15	(263)	116.28
(h)	225	410.03	(605, 866)	301.49	(1073)	108.54
(i)	270	415.13	(874, 1002, 1009, 1137)	305.31	(804)	109.83
(j)	315	411.94	(731, 740)	327.31	(1073)	84.63

本节通过计算均质节点各项热流，实现了环形桁架在轨运行的瞬态温度场计算，获得了在轨运行时空间环形桁架热流出入、温度场特点，以及进出地球阴影时环形桁架温度场云图。通过轨道不同位置环形桁架节点最高最低温度及其出现位置，以及在轨运行时环形桁架在不同时刻同一位置的温度响应变化，揭示了进出地球阴影时出现的温度骤降和骤升现象。注意到，在同一时刻不同位置，始终存在着或大或小的温差，易出现复杂的结构热致动响应现象。

4.4　热致振动

本节将桁架视为弹性体，忽略地球红外辐射和地球反照辐射，仅考虑太阳辐射，研究大型空间环形桁架的热–结构之间的动态耦合效应，进一步分析结构热致振动现象。

4.4.1　Fourier 温度杆单元

三维实体的热传导方程满足：(1) 热量守恒定律。温度变化吸收的热量等于边界传入传出的总热量和内部热源释放的热量之和；(2) Fourier 热传导定律，即

$$\mathrm{d}Q = k(x,y,z)\frac{\partial T}{\partial \boldsymbol{n}}\mathrm{d}S\mathrm{d}t \tag{4.4.1}$$

(3) 热量公式，即

$$Q = cm(T - T_0) \tag{4.4.2}$$

对于微单元体，其三维热传导可以写成

$$c\rho\frac{\partial T}{\partial t} = \frac{\partial}{\partial x}\left(k_x\frac{\partial T}{\partial x}\right) + \frac{\partial}{\partial y}\left(k_y\frac{\partial T}{\partial y}\right) + \frac{\partial}{\partial z}\left(k_z\frac{\partial T}{\partial z}\right) + q(x,y,z,t) \tag{4.4.3}$$

式中，Q 为总热流，T 为温度，$\boldsymbol{n}$ 为温度边界法向，T_0 为单元初始温度，k_x、k_y 和 k_z 分别为 x、y 和 z 方向的导热系数。

考虑一个典型的温度有限单元，其中 i 和 j 为两个节点。太阳辐射 $\boldsymbol{S}_0$ 与单元横截面上 Z 方向夹角为 α，与单元轴向夹角为 β，如图 4.4.1 所示。为简便起见，空间桁架结构的材料均视为各向同性材料。由于桁架结构主要为薄壁圆筒结构，若壁厚很小，则可以将三维热传导问题简化成沿壁厚方向温度一致的二维热传导问题。记薄壁圆筒半径为 r，壁厚为 h。

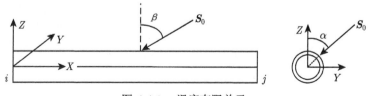

图 4.4.1　温度有限单元

假设 (1) 仅考虑结构与太空间的辐射换热；(2) 横截面为薄壁结构，忽略沿壁厚方向温差；(3) 横截面周向温差相对横截面平均温度很小，忽略其高阶小量。基于这些假设，薄壁圆筒单元的二维热传导方程成为

$$\rho c \frac{\partial T}{\partial t} - k \frac{\partial^2 T}{\partial x^2} - \frac{k}{r^2} \frac{\partial^2 T}{\partial \varphi^2} + \frac{\varepsilon \sigma}{h} T^4 = \frac{a_s S_0 \delta}{h} \cos \varphi \cos \beta \tag{4.4.4}$$

式中，c 为材料的比热容，k 为线性热传导系数，x 为单元的轴向坐标，φ 表征横截面环形坐标，ε 为表面辐射发射率，σ 为 Stefan-Boltzmann 常数，S_0 为太阳辐射强度，a_s 为表面太阳辐射吸收率。δ 满足

$$\begin{cases} \delta = 1, & -\dfrac{\pi}{2} \leqslant \varphi - \alpha \leqslant \dfrac{\pi}{2} \\[2mm] \delta = 0, & \dfrac{\pi}{2} \leqslant \varphi - \alpha \leqslant \dfrac{3\pi}{2} \end{cases} \tag{4.4.5}$$

对于上述分段函数部分作 Fourier 分解，得

$$f(\varphi) = \delta \cos \varphi = \frac{a_0}{2} + \sum_{n=1}^{\infty} (a_n \cos nx + b_n \sin nx) \tag{4.4.6}$$

根据 Fourier 温度杆单元方法 (Williams and Yeo, 2003; Thornton, 1996)，采取分离变量的方式，设薄壁圆筒单元的温度分布为

$$T(x, \varphi, t) = \sum_{n=i,j} T_i(\varphi, t) N_i(x) = \sum_{n=i,j} \left[T_i^{(0)}(t) + \sum_{m=1}^{M} T_i^{(0)}(t) N^{(m)}(\varphi) \right] N_i(x) \tag{4.4.7}$$

取杆轴向节点温度的线性差值函数为

$$N_i(x) = 1 - \frac{x}{l}, \quad N_j(x) = \frac{x}{l} \tag{4.4.8}$$

这里，$N^{(m)}(x)$ 为轴向节点单元的周向温差形函数，取 $m = 1c$，$N^{(1c)} = \cos \varphi$；$m = 1s$，$N^{(1s)} = \sin \varphi$；$m = 2c$，$N^{(2c)} = \cos 2\varphi$；$m = 2s$，$N^{(2s)} = \sin 2\varphi$。根据加权余量取残差，将式 (4.4.7)～ 式 (4.4.8) 及 $N^{(m)}(x)$ 代入式 (4.4.4)，并取单元轴向取残差的积分为零，从而得到节点平均温度和周向温差的单元矩阵方程，即

$$C \frac{\mathrm{d} \boldsymbol{T}^{(0)}}{\mathrm{d} t} + \boldsymbol{K}^{(0)} \boldsymbol{T}^{(0)} + \boldsymbol{R}^{(0)} \boldsymbol{T}^{(0)} = \boldsymbol{Q}^{(0)} \tag{4.4.9}$$

$$C \frac{\mathrm{d} \boldsymbol{T}^{(m)}}{\mathrm{d} t} + (\boldsymbol{K}^{(m)} + \boldsymbol{R}^{(m)} \boldsymbol{T}^{(0)}) \boldsymbol{T}^{(m)} = \boldsymbol{Q}^{(m)} \tag{4.4.10}$$

式中，$\boldsymbol{T}^{(0)}$ 为平均温度单元向量，$\boldsymbol{T}^{(m)}$ 为周向温差单元向量，$\boldsymbol{C}$ 为比热容矩阵，$\boldsymbol{K}^{(0)}$ 为平均温度的热传导矩阵，$\boldsymbol{K}^{(m)}$ 为周向温差的热传导矩阵，$\boldsymbol{R}^{(0)}$ 为平均温

度的辐射项、$\boldsymbol{R}^{(m)}$ 为周向温差的辐射散热项，均与节点温度 $\boldsymbol{T}^{(0)}$ 有关。$\boldsymbol{Q}^{(0)}$ 为平均温度的热辐射项、$\boldsymbol{Q}^{(m)}$ 为周向温差的热辐射项。这些单元矩阵具有如下形式

$$\boldsymbol{C} = \frac{\rho c l}{6} \begin{bmatrix} 2 & 1 \\ 1 & 2 \end{bmatrix}, \quad \boldsymbol{K}^{(0)} = \frac{k_x}{l} \begin{bmatrix} 1 & -1 \\ -1 & 1 \end{bmatrix} \tag{4.4.11}$$

$$\left\{ \begin{array}{c} R_i^{(0)} \\ R_j^{(0)} \end{array} \right\}^e = \frac{\varepsilon \sigma l}{30h} \left\{ \begin{array}{c} 5T_i^{(0)4} + 4T_i^{(0)3}T_j^{(0)} + 3T_i^{(0)2}T_j^{(0)2} + 2T_i^{(0)}T_j^{(0)3} + T_j^{(0)4} \\ T_i^{(0)4} + 2T_i^{(0)3}T_j^{(0)} + 3T_i^{(0)2}T_j^{(0)2} + 4T_i^{(0)}T_j^{(0)3} + 5T_j^{(0)4} \end{array} \right\} \tag{4.4.12}$$

$$\left\{ \begin{array}{c} Q_i^{(0)} \\ Q_j^{(0)} \end{array} \right\}^e = \left\{ \begin{array}{c} 1 \\ 1 \end{array} \right\} \frac{a_s l}{2\pi h} S_0 \cos\beta \tag{4.4.13}$$

(a) $m = 1c, 1s$, $\quad N^{(1c)} = \cos\varphi$, $\quad N^{(1s)} = \sin\varphi$。此时

$$\boldsymbol{K}^{(m)} = \frac{k_x}{l} \begin{bmatrix} 1 & -1 \\ -1 & 1 \end{bmatrix} + \frac{k_\varphi l}{3R^2} \begin{bmatrix} 1 & 1/2 \\ 1/2 & 1 \end{bmatrix} \tag{4.4.14}$$

$$\boldsymbol{R}^{(m)} = \frac{4\varepsilon\sigma l}{60h} \begin{bmatrix} \begin{array}{c} 10T_i^{(0)3} + T_j^{(0)3} \\ +3T_i^{(0)}T_j^{(0)}(2T_i^{(0)} + T_j^{(0)}) \end{array} & \begin{array}{c} 2(T_i^{(0)3} + T_j^{(0)3}) \\ +3T_i^{(0)}T_j^{(0)}(T_i^{(0)} + T_j^{(0)}) \end{array} \\ \begin{array}{c} 2(T_i^{(0)3} + T_j^{(0)3}) \\ +3T_i^{(0)}T_j^{(0)}(T_i^{(0)} + T_j^{(0)}) \end{array} & \begin{array}{c} T_i^{(0)3} + 10T_j^{(0)3} \\ +3T_i^{(0)}T_j^{(0)}(T_1^{(0)} + 2T_j^{(0)}) \end{array} \end{bmatrix} \tag{4.4.15}$$

$$\left\{ \begin{array}{c} Q_i^{(1c)} \\ Q_j^{(1c)} \end{array} \right\}^e = \left\{ \begin{array}{c} 1 \\ 1 \end{array} \right\} \frac{a_s l}{2h} \cdot \frac{1}{2} S_0 \cos\alpha \cos\beta \tag{4.4.16}$$

$$\left\{ \begin{array}{c} Q_i^{(1s)} \\ Q_j^{(1s)} \end{array} \right\}^e = \left\{ \begin{array}{c} 1 \\ 1 \end{array} \right\} \frac{a_s l}{2h} \cdot \frac{1}{2} S_0 \sin\alpha \cos\beta \tag{4.4.17}$$

(b) $m = 2c, 2s$, $\quad N^{(2c)} = \cos 2\varphi$, $\quad N^{(2s)} = \sin 2\varphi$。此时

$$\boldsymbol{K}^{(m)} = \frac{k_x}{l} \begin{bmatrix} 1 & -1 \\ -1 & 1 \end{bmatrix} + \frac{4k_\varphi l}{3R^2} \begin{bmatrix} 1 & 1/2 \\ 1/2 & 1 \end{bmatrix} \tag{4.4.18}$$

$$\left\{ \begin{array}{c} Q_i^{(2c)} \\ Q_j^{(2c)} \end{array} \right\}^e = \left\{ \begin{array}{c} 1 \\ 1 \end{array} \right\} \frac{a_s l}{2h} \cdot \frac{1}{2} S_0 \cos 2\alpha \cos\beta \tag{4.4.19}$$

$$\left\{ \begin{array}{c} Q_i^{(2s)} \\ Q_j^{(2s)} \end{array} \right\}^e = \left\{ \begin{array}{c} 1 \\ 1 \end{array} \right\} \frac{a_s l}{2h} \cdot \frac{1}{2} S_0 \sin 2\alpha \cos\beta \tag{4.4.20}$$

采用 Wilson-θ 方法，在时间域内将平均温度方程 (4.4.9) 和周向温差方程 (4.4.10) 离散为一组非线性方程和时变矩阵参数描述的线性方程组，继而采用 Newton-Raphson 迭代算法求解。为提高求解效率和解的精度，对于拼接较多自由度的结构，采用节点网络法先求平均温度，再代入方程 (4.4.10) 或时间离散后，采用向后差分方法求解。

结构有限元模型为

$$M\ddot{X} + C_\mu\dot{X} + KX = F \qquad (4.4.21)$$

这里，采用空间 2 节点 12 自由度梁单元质量矩阵、刚度矩阵和比例阻尼矩阵进行拼接。图 4.4.1 所示的节点 i 和 j 在局部坐标系下的位移为

$$\boldsymbol{\delta}^e = \{x_i, y_i, z_i, \theta_{xi}, \theta_{yi}, \theta_{zi}, x_j, y_j, z_j, \theta_{xj}, \theta_{yj}, \theta_{zj}\}^{\mathrm{T}} \qquad (4.4.22)$$

单元质量矩阵为 12×12 的一致质量矩阵 M^e，单元刚度矩阵为考虑轴向拉压、横向弯曲和扭转的 12×12 刚度矩阵 K^e，比例阻尼矩阵 $C_\mu = \alpha_\mu M + \beta_\mu K$，$\alpha_\mu$ 和 β_μ 为比例系数。

根据等效位移的方法获得等效热载荷 F，即将轴向热应力在单元横截面上积分获得热轴力和热弯矩，即

$$P_T(x) = \int_A \alpha_T E \cdot (T - T_0)\mathrm{d}A \qquad (4.4.23)$$

$$M_y^T(x, t) = \int_A \alpha_T E \cdot (T - T_0)z\mathrm{d}A \qquad (4.4.24)$$

$$M_z^T(x, t) = \int_A \alpha_T E \cdot (T - T_0)y\mathrm{d}A \qquad (4.4.25)$$

式中，E 为单元材料的弹性模量，α_T 为线热膨胀系数。单元热载荷为

$$\boldsymbol{F}^e = \{P_i, 0, 0, 0, M_{yi}, M_{zi}, P_j, 0, 0, 0, M_{yj}, M_{zj}\}^{\mathrm{T}} \qquad (4.4.26)$$

$$\left\{ \begin{array}{c} P_i \\ P_j \end{array} \right\}^e = EA \left[\begin{array}{cc} -1/2 & -1/2 \\ 1/2 & 1/2 \end{array} \right] \left\{ \begin{array}{c} T_i^{(0)} - T_0 \\ T_j^{(0)} - T_0 \end{array} \right\} \qquad (4.4.27)$$

$$\left\{ \begin{array}{c} M_{yi} \\ M_{zi} \\ M_{yj} \\ M_{zj} \end{array} \right\}^e = \frac{EI\alpha_T}{R} \left[\begin{array}{cccc} -1/2 & 0 & -1/2 & 0 \\ 0 & -1/2 & 0 & -1/2 \\ 1/2 & 0 & 1/2 & 0 \\ 0 & 1/2 & 0 & 1/2 \end{array} \right] \left\{ \begin{array}{c} T_i^{(1c)} \\ T_i^{(1s)} \\ T_j^{(1c)} \\ T_j^{(1c)} \end{array} \right\} \qquad (4.4.28)$$

由上述单元矩阵组装成结构有限元模型，然后采用 Newmark 直接法求解。

4.4.2 梁的热致振动

采用 4.4.1 节所阐述的 Fourier 温度有限元方法，计算不考虑变形对辐射角影响的非耦合热致振动和考虑变形对辐射角影响的耦合热致振动，如图 4.4.2 所示。

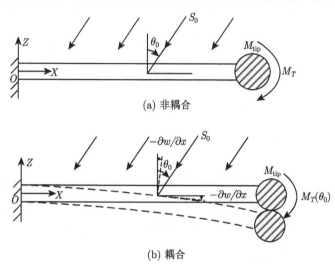

(a) 非耦合

(b) 耦合

图 4.4.2   非耦合与耦合热–结构耦合模型

算例 1: 哈勃太空望远镜 (Hubble Space Telescope, HST) 桅杆。哈勃望远镜太阳翼桅杆桁架是一端固支、长度为 5.91m 的薄壁圆杆，横截面直径 $d = 21.84$mm、壁厚 $h = 0.235$mm，计算其受到太阳辐射突加载荷的热致振动响应，尺寸及材料参数如表 4.4.1 所示。将该薄壁圆杆平分成 10 个单元、11 节点的有限元模型。计算瞬态温度时采用节点自由度为 T_0、T_{1c} 和 T_{1s} 的 Fourier 温度杆单元，计算结构响应时采用节点自由度为 6 的空间梁单元。该材料的特点是线热膨胀系数较大 ($\alpha_T = 4.0 \times 10^{-5}$) 且弹性模量较小 ($E = 193$GPa)，加上悬臂梁结构的壁比较薄，受热易引起较大的变形。

表 4.4.1   哈勃望远镜太阳翼桅杆尺寸及材料参数

$\rho/(\mathrm{kg/m^3})$	$k/(\mathrm{W/m \cdot K})$	$c/(\mathrm{J/kg \cdot K})$	a_s	ε	$S_0/(\mathrm{W/m^2})$
7010	16.61	502	0.5	0.13	1372

首先考虑末端无集中质量的情形。设太阳辐射入射角 $\theta_0 = -45°$，计算悬臂梁非耦合和耦合的末端平均温度 T_0、周向温差 $T_m(m = 1c)$ 和挠度 w 随时间的变化，如图 4.4.3(a) 所示。可以看出，对于这种线热膨胀系数大、弹性模量小的材料，考虑变形对温度响应影响的耦合计算与不虑变形对温度响应影响的非耦合计算有较大差异。末端平均温度随时间的变化较慢，随着末端挠度的增加，非耦合与耦合结果相差逐渐加大。周向温差 T_{1c} 随时间的响应相比平均温度 T_0 要快

得多,并逐渐趋于稳定。同样,非耦合与耦合结果亦有一定差异。无末端质量梁的热–结构响应主要以热变形为主,热致振动响应小。主要原因是结构无末端质量的情况下,结构刚度大,基频相对较高,结构响应时间远小于热响应时间。

考虑末端带有集中质量,$M_{tip} = 2kg$。设太阳辐射入射角 $\theta_0 = -45°$,计算悬臂梁非耦合和耦合的末端平均温度 T_0、周向温差 $T_m (m = 1c)$ 和挠度 w 随时间的变化,如图 4.4.3(b) 所示。可以看出,末端带有集中质量时,考虑变形对温度响应的

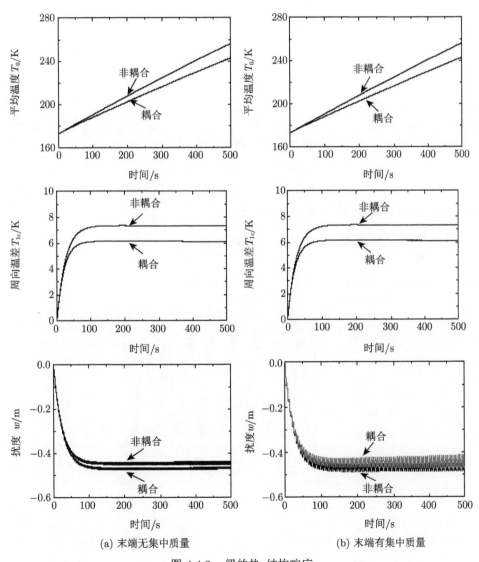

(a) 末端无集中质量　　　　　　(b) 末端有集中质量

图 4.4.3　梁的热–结构响应

耦合计算与不考虑变形对温度响应非耦合情况的计算之间依然有较大的差异。同样，周向温差 T_{1c} 随着时间的响应相对平均温度 T_0 要快得多。带末端集中质量的梁有较大的热致振动响应，非耦合的计算结果比耦合的偏大。此外，热致振动在耦合情况下有明显的发散现象，即出现了**热颤振**，而非耦合计算由于温度响应固定，不存在热能与结构动能之间的相互耦合，不会出现这样的结果。带有集中质量的梁具有更大的热致振动响应，主要是由于结构响应时间远小于热响应时间，加上结构更加柔性，以致响应时间增大，易出现热致振动。上述结果与 Boley (1972) 理论预测一致，即结构响应时间与热响应时间接近时，易产生热致振动现象。

算例 2：碳纤维材料梁。以环形天线支撑臂为对象，支撑臂为一端固支的薄壁圆杆，长度 9m，横截面直径 $d = 50$mm、壁厚 $h = 0.2$mm。研究受到突加太阳辐射载荷作用时的热致振动。采用碳纤维材料 M60J，尺寸材料参数如表 4.4.2 所示。该材料的特点是线热膨胀系数为负且极小 ($\alpha_T = -1.0 \times 10^{-6}$)，弹性模量高 ($E = 588$GPa)。

同样，首先考虑末端无集中质量的情形。太阳辐射入射角 $\theta_0 = -45°$，计算得到耦合和非耦合的末端平均温度 T_0、周向温差 $T_m (m = 1c)$ 和挠度 w 随时间的变化，如图 4.4.4 所示。对于末端附加有环形桁架天线结构，将其视为质量约 62.5kg 的集中载荷，结果如图 4.4.5 所示。

表 4.4.2　碳纤维材料梁的尺寸及材料参数

$\rho/(\text{kg/m}^3)$	$k/(\text{W/(m·K)})$	$c/(\text{J/(kg·K)})$	a_s	ε	$S_0/(\text{W/m}^2)$
1930	151.95	170	0.5	0.13	1372

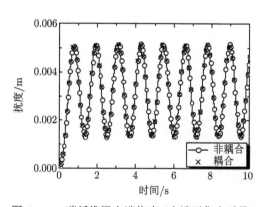

图 4.4.4　碳纤维梁末端挠度 (末端无集中质量)

从图 4.4.4 可见，在非耦合与耦合情形，碳纤维材料梁的热致振动基本一致，主要是由于碳纤维材料线热膨胀系数小且结构弹性模量大，使得热变形小，相应的热致振动亦很小，以致非耦合与耦合的差异小。对于末端带有集中质量的情形，由于结构变得更加柔性，以致热致振动和热变形相对无集中质量的情形要大，此时热能与结构动能间的相互耦合增加，导致非耦合与耦合之间有一定差异且随时间而增大，如图 4.4.5 所示。

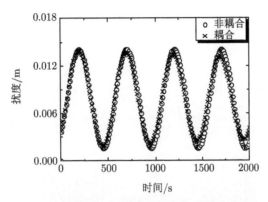

图 4.4.5　碳纤维梁末端挠度 (末端集中质量 62.5kg)

　　上述结果表明，材料线性热膨胀系数大、弹性模量小、带末端集中质量时，相应的热–结构响应大且非耦合与耦合结果有较大差异。此时，采用耦合计算方法较为精确，但耗时较长。反之，材料线性热膨胀系数小、弹性模量大、不带末端集中质量时，相应的热–结构响应小且非耦合与耦合结果差异小。此时，采用非耦合的计算方法满足精度要求且计算耗时较短。

4.4.3　桁架的热致振动

　　考虑环形桁架受到沿 Z 向、强度为 S_0 的太阳辐射冲击，如图 4.4.6 所示。采用 4.4.1 节 Fouier 温度杆单元及结构有限元耦合方法，计算整个单元拼接而成的

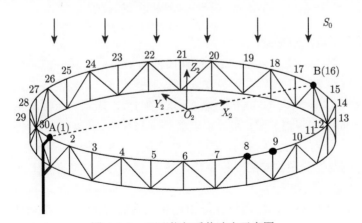

图 4.4.6　环形桁架受热冲击示意图

环形桁架的热–结构耦合动态响应。为减少 MATLAB 程序计算耗时，每根杆件仅分为 4 个梁单元，共计 420 个节点，2520 个自由度。

数值研究发现，Z 方向太阳辐射引起的热–结构动响应较大，X 和 Y 方向太阳辐射引起的热–结构动响应很小，即等效热载荷易使圆环结构产生面外振动，不易使圆环产生面内的呼吸和摇摆振动。

(1) 环形桁架模态分析

采用 MSC.Patran 2013 & Nastran 2013 有限元软件建立桁架模型，整个结构为一维梁单元，不计关节集中质量，一端竖杆的自由度固定，结果如图 4.4.7 所示。大量仿真结果表明，在改变材料参数、环形桁架口径、杆件横截面半径和壁厚时，环形桁架结构的振型基本一致。

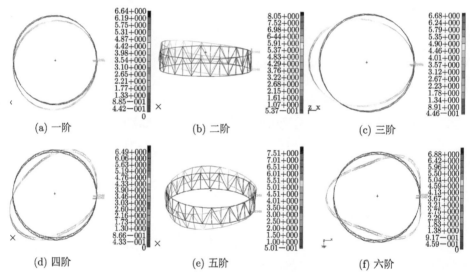

(a) 一阶　　　　　　　　　(b) 二阶　　　　　　　　　(c) 三阶

(d) 四阶　　　　　　　　　(e) 五阶　　　　　　　　　(f) 六阶

图 4.4.7　环形桁架结构前六阶振型

(2) 环形桁架热致振动

设环形桁架的口径 $D = 12.5\mathrm{m}$、杆件横截面半径 $r = 10\mathrm{mm}$、壁厚 $h = 2\mathrm{mm}$，采用碳纤维材料 M60J 制作，计算在太阳辐射强度 $S_0 = 1372\mathrm{W/mm^2}$ 下的热冲击响应。取第 100s 放大 1000 倍，热变形如图 4.4.8 所示。可以看出，环形桁架在受到 Z 方向的太阳辐射时，主要引起面外变形和振动。对应于面外一阶模态振动，A 点始终固定，B 点 X 和 Z 方向的位移最大，8 和 9 特征点位移小于 B 点。由于该环形桁架为一端固支的对称结构，故 B 点沿 Y 方向的位移为零。

图 4.4.9 给出了特征点沿 X 和 Z 方向的热–结构位移响应。可以看出，由于碳纤维 M60J 材料的高弹性模量、低线热膨胀系数特征，使得环形桁架的热–结构响应主要以热变形为主，热致振动的影响很小，其中 Z 方向存在微小的热致振

动。由于材料具有负的线膨胀系数，故构型受热略有收缩，其热变形、热致振动使得环形桁架构型存在向上弯曲的特点。

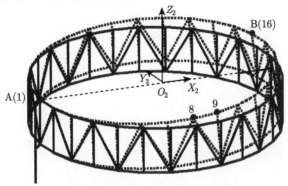

图 4.4.8 环形桁架热变形 (第 100s 放大 1000 倍)

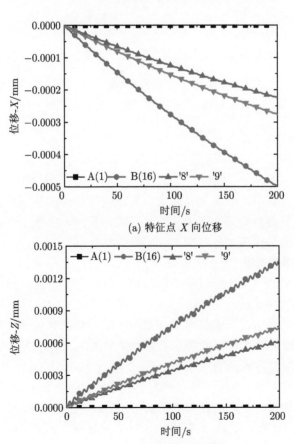

(a) 特征点 X 向位移

(b) 特征点 Z 向位移

图 4.4.9 特征点的热–结构位移

(3) 材料参数的影响

杆件尺寸及材料参数分别选用表 4.4.1 和表 4.4.2 中的参数，选特征点 B 沿 Z 方向的位移响应作为对比，结果如图 4.4.10 所示。可以看出，采用低弹性模量、大线热膨胀系数的材料制作的结构 (HST)，相应的振动与变形较大；高弹性模量、小线热膨胀系数的 M60J 材料相应的振动与变形很小。显然，工程上可以选用高弹性模量、小热膨胀系数的材料，以避免热致振动的发生。

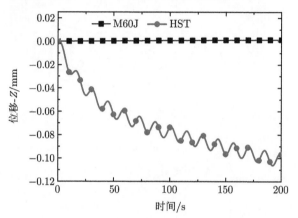

图 4.4.10　　不同材料下特征点 B 的位移

(4) 截面半径的影响

材料参数选用表 4.4.2 所示碳纤维材料，杆件尺寸中壁厚为 2mm，计算该环形桁架在杆件截面半径 r 为 10mm、25mm 和 50mm 下的热冲击响应，结果如图 4.4.11 所示。可以看出，截面半径越大，环形桁架结构的热致振动越小。当 $r =$ 50mm 时，结构只有热变形而不发生热致振动。显然，工程上可以通过增大杆件横截面半径来避免热致振动的发生。

(5) 截面壁厚的影响

材料参数选用表 4.4.2 所示碳纤维材料，杆件截面半径 $r = 10$mm，计算该环形桁架在壁厚为 0.2mm、0.5mm、1mm 和 2mm 下的热冲击响应，结果如图 4.4.12 所示。可以看出，筒壁越厚，环形桁架结构的振动越小，变形亦越小。显然，工程上可以通过增大杆件的壁厚来避免热致振动，此时热变形亦会相应减小。

(6) 环形桁架口径的影响

材料参数选用表 4.4.2 所示碳纤维材料，杆件截面半径 $r = 10$mm、壁厚 $h =$ 0.2mm，计算该环形桁架在口径为 6mm、12.5mm、20mm 和 30mm 下的热冲击响应，结果如图 4.4.13 所示。可以看出，环形桁架口径越大，环形桁架结构的振动频率小，热致振动和变形显著增加。显然，工程上在追求大口径可展开结构的同时，需要解决大尺寸引起的大柔性、易变形和振动问题。

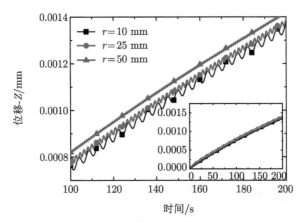

图 4.4.11 不同截面半径下特征点 B 的位移

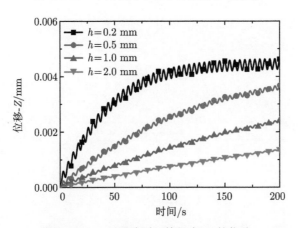

图 4.4.12 不同壁厚下特征点 B 的位移

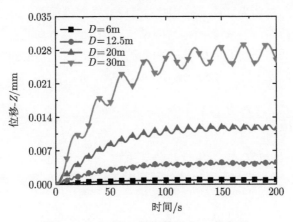

图 4.4.13 不同口径下特征点 B 的位移

4.5　热致振动的稳定性

　　基于动力学等效建模，可将环形桁架、支撑臂简化为空间圆环、空间梁或刚性臂，从而建立起连续体力学的空间可展开天线结构的动力学方程，继而采用热–结构耦合模型和加权余量方法获得热致结构的动态响应。进一步，通过稳定性分析得到热致振动的稳定性区域，为热致结构振动设计提供依据。

4.5.1　梁的热致振动

(1) 热–结构耦合建模

　　研究带有集中质量空间细长梁的热致振动问题，如图 4.5.1 所示。梁横截面为质量密度为 ρ 的均质薄壁圆环，环截面中心半径为 r，环面极坐标为 φ，壁厚为 h。设太阳辐射强度为 S_0，太阳辐射的初始入射角为 $-\pi/2 < \theta_0 < \pi/2$。建立固支于 O 点的定坐标系 $O\text{-}XYZ$。

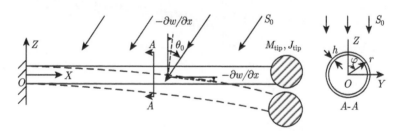

图 4.5.1　太阳辐射下梁的热变形

　　设悬臂梁轴线与太阳辐射之间的夹角随挠度变化，从而基于小变形的梁理论，认为梁上微元体的转角为 $-\partial w/\partial x$。瞬态温度分布假设如下：(1) 仅考虑梁结构与太空之间的辐射换热；(2) 横截面为薄壁结构，忽略壁厚方向的温差；(3) 横截面周向温差相对横截面的平均温度很小，忽略高阶小量。因此，结构温度场 $T(x,\varphi,t)$ 属于二维热传导问题 (Thornton and Kim, 1993)，满足

$$\rho c \frac{\partial T}{\partial t} - k \left(\frac{\partial^2 T}{\partial x^2} - \frac{\rho c}{r^2} \frac{\partial^2 T}{\partial \varphi^2} \right) + \frac{\sigma \varepsilon}{h} T^4 = \frac{a_s S_0 \delta}{h} \cos \varphi \cos \left(\theta_0 + \frac{\partial w}{\partial x} \right) \quad (4.5.1)$$

式中，c 为材料的比热容，k 为线性热传导系数，x 为梁的轴向坐标，σ 为 Stefan-Boltzmann 常数，a_s 和 ε 分别为梁表面的太阳辐射吸收率和反射率。δ 满足如下条件

$$\begin{cases} \delta = 1, & -\pi/2 \leqslant \varphi \leqslant \pi/2 \\ \delta = 0, & \pi/2 \leqslant \varphi \leqslant 3\pi/2 \end{cases} \quad (4.5.2)$$

在梁的横截面周向上，太阳辐射为分段函数。由于梁只受正面照射，故温度场 $T(x, \varphi, t)$ 及 $\delta \cos \varphi$ 均可展开为 Fourier 级数的形式。考虑到温度引起的热弯矩仅与周向温差的一阶谐量有关，故略去二阶谐量以上之分量，从而

$$T(x, \varphi, t) \approx \overline{T}(x, t) + T_m(x, t) \cos \varphi \tag{4.5.3}$$

$$\delta \cos \varphi \approx \frac{1}{\pi} + \frac{1}{2} \cos \varphi \tag{4.5.4}$$

式中，$\overline{T}$ 为平均温度，T_m 为周向温差。将式 (4.5.3) 和式 (4.5.4) 代入式 (4.5.1)，有

$$\begin{cases} \rho c \dfrac{\partial \overline{T}}{\partial t} - k \dfrac{\partial^2 \overline{T}}{\partial x^2} + \rho c \dfrac{\sigma \varepsilon}{h} \overline{T}^4 = \dfrac{a_s S_0}{\pi h} \cos \left(\theta_0 + \dfrac{\partial w}{\partial x} \right) \\ \rho c \dfrac{\partial T_m}{\partial t} - k \dfrac{\partial^2 T_m}{\partial x^2} + \left(\dfrac{k}{r^2} + \dfrac{4 \sigma \varepsilon}{h} \overline{T}^3 \right) T_m = \dfrac{a_s S_0}{2h} \cos \left(\theta_0 + \dfrac{\partial w}{\partial x} \right) \end{cases} \tag{4.5.5}$$

式中，$\overline{T}(x, t_0) = T_0$ 表示在初始时刻 t_0 的平均温度，周向温差 $T_m(x, t_0) = 0$。

对于图 4.5.1 所示的细长梁结构，若只考虑温度引起的轴向变形而忽略周向变形，则通过位移等效可得热弯矩

$$M_T(x, t) = \int_A \alpha_T E(T - T_0) z \mathrm{d}A = \frac{EI \alpha_T}{r} T_m(x, t) \tag{4.5.6}$$

式中，α_T 为材料的线热膨胀系数，E 为材料的弹性模量，A 为梁的横截面面积，I 为梁的横截面关于 Y 轴的惯性矩。

出地球阴影过程中，空间梁受到的突加热载荷很小，以致结构动响应小。基于 Euler-Bernoulli 梁的弯曲振动，热弯矩引起的热–结构耦合应满足

$$\rho A \frac{\partial^2 w}{\partial t^2} + \mu \frac{\partial w}{\partial t} + EI \frac{\partial^4 w}{\partial x^4} + \frac{\partial^2 M_T}{\partial x^2} = 0 \tag{4.5.7}$$

边界条件

$$\begin{cases} w(x, t)|_{x=0} = 0, \quad \left. \dfrac{\partial w(x, t)}{\partial x} \right|_{x=0} = 0 \\ \left. -EI \dfrac{\partial^2 w(x, t)}{\partial x^2} \right|_{x=l} = J_{\text{tip}} \left. \dfrac{\partial^3 w(x, t)}{\partial x \partial t^2} \right|_{x=l} + M_T(x, t)|_{x=l} \\ \left. -EI \dfrac{\partial^3 w(x, t)}{\partial x^3} \right|_{x=l} = M_{\text{tip}} \left. \dfrac{\partial^2 w(x, t)}{\partial t^2} \right|_{x=l} \end{cases} \tag{4.5.8}$$

式中，M_{tip} 为梁末端的集中质量，J_{tip} 为末端质量绕 Y 轴的转动惯量，μ 为粘性阻尼系数，l 为梁沿轴线的长度。

热传导方程 (4.5.5)、热弯矩方程 (4.5.6)、梁弯曲振动方程 (4.5.7) 构成了空间梁的热–结构耦合动力学方程。

(2) 热–结构耦合方程的解

考虑到梁的轴向热响应时间远大于周向热响应时间，因而忽略式 (4.5.5) 中的二阶小量 $\partial^2 \bar{T}/\partial x^2$ 和 $\partial^2 T_m/\partial x^2$，得到

$$\begin{cases} \rho c \dfrac{\partial \bar{T}}{\partial t} + \rho c \dfrac{\sigma \varepsilon}{h} \bar{T}^4 = \dfrac{a_s S_0}{\pi h} \cos\left(\theta_0 + \dfrac{\partial w}{\partial x}\right) \\[3mm] \rho c \dfrac{\partial T_m}{\partial t} + \left(\dfrac{k}{r^2} + \dfrac{4\sigma \varepsilon}{h} \bar{T}^3\right) T_m = \dfrac{a_s S_0}{2h} \cos\left(\theta_0 + \dfrac{\partial w}{\partial x}\right) \end{cases} \tag{4.5.9}$$

采用分离变量方法，设梁的横向挠度

$$w(x,t) = W(t)N(x) \tag{4.5.10}$$

边界条件

$$N(0) = 0, \quad N'(0) = 0 \tag{4.5.11}$$

采用加权余量法，将方程 (4.5.7) 变换为

$$\int_0^l N(x)\left(\rho A \frac{\partial^2 w}{\partial t^2} + \mu \frac{\partial w}{\partial t} + EI \frac{\partial^4 w}{\partial t^4} + \frac{\partial^2 M_T}{\partial x^2}\right) \mathrm{d}x$$

$$+ N'(l)\left[J \frac{\partial w(l,t)}{\partial x \partial t^2} + EI \frac{\partial^2 w(l,t)}{\partial x^2} + M_T(l,t)\right]$$

$$+ N(l)\left(M_{\text{tip}} \frac{\partial^2 w(l,t)}{\partial t^2} + EI \frac{\partial^3 w(l,t)}{\partial x^3} + \frac{\partial M_T(l,t)}{\partial x}\right) = 0 \tag{4.5.12}$$

将式 (4.5.10) 和式 (4.5.11) 代入式 (4.5.12)，得

$$M\ddot{W} + C\dot{W} + KW = P(t) \tag{4.5.13}$$

式中

$$\begin{cases} M = \rho A \displaystyle\int_0^l N(x)^2 \mathrm{d}x + M_{\text{tip}} N(l)^2 + J_{\text{tip}} N'(l)^2 \\[3mm] C = \mu \displaystyle\int_0^l N(x)^2 \mathrm{d}x \\[3mm] K = EI \displaystyle\int_0^l N''(x)^2 \mathrm{d}x + 2EIN(l)N'''(l) \\[3mm] P(t) = -\displaystyle\int_0^l N(x) \frac{\partial^2 M_T}{\partial x^2} \mathrm{d}x - N'(l) M_T(l,t) \end{cases} \tag{4.5.14}$$

考虑到热弯矩方程 (4.5.6)，有

$$P(t) = \frac{EI\alpha_T}{r}\left(-\int_0^l N(x)\frac{\partial^2 T_m}{\partial x^2}\mathrm{d}x - N'(l)T_m(l,t)\right) \tag{4.5.15}$$

热载荷中的周向温差 T_m 取决于热传导方程 (4.5.9)。基于 Fourier 温度杆单元的有限元仿真发现，横向挠度对平均温度影响较小，对周向温差的影响较大。因此，若忽略变形对平均温度的影响，则非耦合热传导方程成为

$$\begin{cases} \rho c\dfrac{\partial \bar{T}^u}{\partial t} + \dfrac{\sigma\varepsilon}{h}\bar{T}^{u4} = \dfrac{a_s S_0}{\pi h}\cos\theta_0 \\[3mm] \rho c\dfrac{\partial T_m^u}{\partial t} + \left(\dfrac{k}{r^2} + \dfrac{4\sigma\varepsilon}{h}\bar{T}^{u3}\right)T_m^u = \dfrac{a_s S_0}{2h}\cos\theta_0 \end{cases} \tag{4.5.16}$$

式中，$\bar{T}^u$ 和 T_m^u 分别表示非耦合条件下的平均温度和周向温差。令 $\bar{T}\approx\bar{T}^u$，考虑到方程 (4.5.19) 中的 $4\sigma\varepsilon\bar{T}^{u3}/(\rho ch)$ 相对于 $k/(\rho cr^2)$ 要小得多，因而可取稳定时的平均温度来表示方程 (4.5.16) 中关于周向温差等式中的 $\bar{T}^u$，即

$$\bar{T}\approx\bar{T}^u\approx\bar{T}^u|_{t\to\infty} = \left(\frac{a_s S_0\cos\theta_0}{\pi\sigma\varepsilon}\right)^{1/4} \tag{4.5.17}$$

根据耦合的热传导方程 (4.5.9) 和非耦合的热传导方程 (4.5.16)，假设周向温差 $T_m(x,t)$ 可以表示成非耦合周向温差分量 $T_m^u(t)$ 和耦合的周向温差摄动量 $\tilde{T}_m(x,t)$ 之和，即

$$T_m(x,t) \approx T_m^u(t) + \tilde{T}_m(x,t) \tag{4.5.18}$$

则根据小变形假设，即转角 $-\partial w/\partial x$ 很小，以致热传导方程 (4.5.9) 右端近似为

$$\frac{\alpha_s S_0}{2\rho ch}\cos\left(\theta_0 + \frac{\partial \omega}{\partial x}\right) \approx \frac{a_s S_0}{2\rho ch}\left(\cos\theta_0 - \sin\theta_0\cdot\frac{\partial w}{\partial x}\right) \tag{4.5.19}$$

将式 (4.5.10)、式 (4.5.17) 和式 (4.5.18) 代入式 (4.5.9)，得到耦合摄动量满足的方程

$$\frac{\partial \tilde{T}_m}{\partial t} + A_n\tilde{T}_m = -B_n\sin\theta_0 N'(x)W(t) \tag{4.5.20}$$

式中，$A_n = \dfrac{1}{\rho c}\left(\dfrac{k}{r^2} + \dfrac{4\sigma\varepsilon}{h}\bar{T}^3\right)$，$B_n = \dfrac{a_s S_0}{2\rho ch}$。

基于分离变量方法，有

$$\tilde{T}_m = N'(x)Q(t) \tag{4.5.21}$$

式中，$Q(t)$ 为与时间有关的温度分量，$N'(x)$ 为形函数的导数。

(3) 梁的稳定域

设状态向量 $\boldsymbol{X} = \{W(t), \dot{W}(t), Q(t)\}^{\mathrm{T}}$，则由方程 (4.5.13) 及对应的式 (4.5.15)、式 (4.5.17) 和式 (4.5.21)，有

$$\dot{\boldsymbol{X}} = \boldsymbol{A}\boldsymbol{X} + \boldsymbol{B} \tag{4.5.22}$$

式中

$$\boldsymbol{A} = \begin{bmatrix} 0 & 1 & 0 \\ -\dfrac{K}{M} & -\dfrac{C}{M} & D_n \\ -B_n\sin\theta_0 & 0 & -A_n \end{bmatrix} \tag{4.5.23}$$

$$\boldsymbol{B} = \left\{ \begin{array}{c} 0 \\ -\dfrac{EI\alpha_T}{rM}N'(l)T_m^u \\ 0 \end{array} \right\} \tag{4.5.24}$$

其中

$$D_n = -\frac{EI\alpha_T}{Mr}\left(\int_0^l N(x)N'''(x)\,\mathrm{d}x + N'(l)N'(l) \right) \tag{4.5.25}$$

根据式 (4.5.24)，当 $t \to \infty$ 时，$\boldsymbol{B}$ 趋近于常数，因而式 (4.5.22) 所描述的系统的稳定性取决于矩阵 $\boldsymbol{A}$。由 $\det(s\boldsymbol{I} - \boldsymbol{A}) = 0$，得

$$\det\left(\begin{bmatrix} s & -1 & 0 \\ \dfrac{K}{M} & s+\dfrac{C}{M} & -D_n \\ B_n\sin\theta_0 & 0 & s+A_n \end{bmatrix} \right) = s^3 + a_2 s^2 + a_1 s + a_0 = 0 \tag{4.5.26}$$

式中，$a_0 = D_n B_n \sin\theta_0 + KA_n/M$，$a_1 = CA_n/M + K/M$，$a_2 = D_n B_n \sin\theta_0 + KA_n/M$。根据 Routh-Hurwitz 判据，若 $a_0 > 0$、$a_1 > 0$、$a_2 > 0$ 且 $a_1 a_2 > 0$，

则热致振动渐近稳定。根据表 4.4.1 提供的材料参数，只有当梁的长度极大时，才有可能使得 a_0 小于零，而 a_1 和 a_2 始终大于零，故 $a_1 a_2 > 0$，因而

$$\sin \theta_0 < \frac{\dfrac{C^2}{M^2} A_n + \dfrac{KC}{M^2} + \dfrac{C}{M} A_n^2}{D_n B_n} \tag{4.5.27}$$

式中，C 与阻尼系数 μ 有关、M 与 M_{tip} 和 J_{tip} 有关、K 与弹性模量 E 等有关。

(4) 算例

以表 4.4.1 所示的哈勃望远镜太阳翼桅杆为例。这里采用简化模型和一系列近似进行稳定性分析，获得的稳定域在太阳辐射初始入射角 θ_0 较小时比较准确，在较大变形、较大辐射角时存在一定偏差，故取小角度入射角验证稳定域边界的可行性。取形函数 $N(x) = x^2$，$M_{\text{tip}} = 5\text{kg}$，$J_{\text{tip}} = 0$。图 4.5.2(a) 给出了太阳辐射角 θ_0 随阻尼 μ 变化的稳定性边界；图 4.5.2(b) 给出了当 $\mu = 0.005$、$J_{\text{tip}} = 0$ 时太阳辐射角 θ_0 随末端质量 M_{tip} 变化的稳定性边界；图 4.5.2(c) 给出了当 $\mu = 0.02$、$M_{\text{tip}} = 5\text{kg}$ 时太阳辐射角 θ_0 随末端转动惯量 J_{tip} 变化的稳定性边界。

图 4.5.3(a) 给出了对应图 4.5.2(a) 的参数位置 a、b、c 点的热冲击响应。在图 4.5.2(a) 中，当 $\theta_0 = -30°$ 时，a 点对应 $\mu = 0.0027$、b 点对应 $\mu = 0.0079$、c 点对应 $\mu = 0.0135$。可以看出，a 点处于不稳定区域，b 点处于边界上，c 点处于稳定区域。在相应的热冲击响应中，可见 a 参数响应发散、b 参数响应平稳振荡、c 参数响应收敛，与稳定性判别结果一致。

同样，图 4.5.3(b) 给出了对应图 4.5.2(b) 的参数位置 a、b、c 点的热冲击响应。在图 4.5.2(b) 中，当 $\theta_0 = -30°$ 时，a 点对应 $M_{\text{tip}} = 2\text{kg}$、b 点对应 $M_{\text{tip}} = 3\text{kg}$、c 点对应 $M_{\text{tip}} = 10\text{kg}$。可以看出，a 点处于稳定区域，b 点处于边界上，c 点处于不稳定区域。在相应的热冲击响应中，可见 a 参数响应收敛、b 参数响应接近平稳振荡、c 参数响应发散，与稳定性判别结果一致。

图 4.5.3(c) 给出了对应图 4.5.2(c) 的参数位置 a、b、c 点的热冲击响应。在图 4.5.2(c) 中，当 $\theta_0 = -30°$ 时，a 点对应 $J_{\text{tip}} = 30\text{kgm}^2$、b 点对应 $J_{\text{tip}} = 70\text{kgm}^2$、c 点对应 $J_{\text{tip}} = 200\text{kgm}^2$。可以看出，a 点处于稳定区域，b 点处于边界上，c 点处于不稳定区域。在相应的热冲击响应中，可见 a 参数响应收敛、b 参数响应接近平稳振荡、c 参数响应发散，与稳定性判别结果一致。

根据 Boley 理论，结构响应时间接近热响应时间时，会发生较大的热致振动，当梁带有末端集中质量和转动惯量，结构变得更加柔性，使得响应时间增加，导致热致振动增大，以致与热辐射的耦合效应亦增大，更易发生热颤振而不稳定。可见，阻尼起到抑制热致颤振的效果，而末端集中质量和转动惯量则起反作用，这与实际相符合。

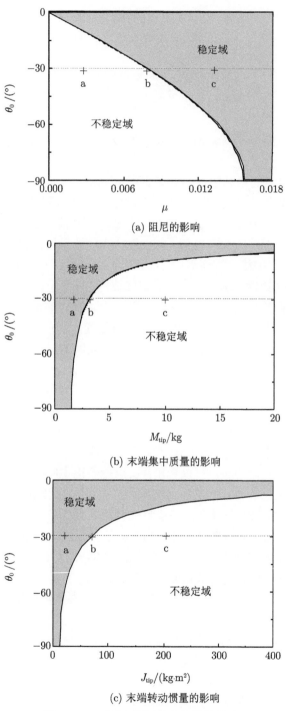

(a) 阻尼的影响

(b) 末端集中质量的影响

(c) 末端转动惯量的影响

图 4.5.2　不同参数对于稳定域的影响

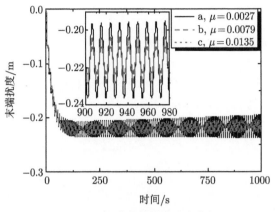

(a) 不同阻尼的热冲击响应

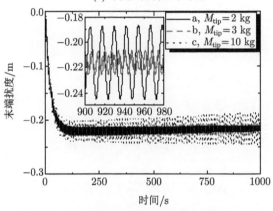

(b) 不同末端集中质量的热冲击响应

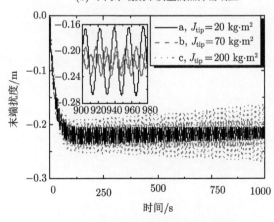

(c) 不同末端转动惯量的热冲击响应

图 4.5.3　$\theta_0 = -30°$ 的热冲击响应

4.5.2　圆环的热致振动

(1) 热-结构耦合建模

考虑空间环形桁架结构等效力学模型的热致振动问题。等效圆环半径为 R，质量密度为 ρ，圆环截面的中心半径为 r、壁厚 h，如图 4.5.4 所示。记圆环中心为 O，表征环面的坐标为 θ，环面坐标为 φ。设太阳沿与横截面法向夹角 β_n 方向入射，入射辐射强度为 S_0，夹角 $\theta_n = \pi\text{-}\beta_n$，太阳辐射投影到横截面的夹角为 β_r。建立位于横截面圆心的局部坐标系 $O'\text{-}Y'Z'$ 和固支于 A 处的固定坐标系 $A\text{-}XYZ$。瞬态温度分布假设与 4.5.1 节一致。

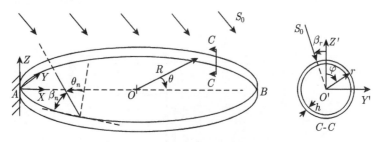

图 4.5.4　太阳辐射下的圆环结构

空间圆环结构的温度场属于二维热传导问题，满足

$$\rho c \frac{\partial T}{\partial t} - k \left(\frac{1}{R^2} \frac{\partial^2 T}{\partial \theta^2} - \frac{1}{r^2} \frac{\partial^2 T}{\partial \varphi^2} \right) + \frac{\sigma \varepsilon}{h} T^4$$
$$= \begin{cases} \dfrac{a_s S_0}{h} \cos(\varphi - \beta_r) \sin \beta_n, & \varphi - \beta_r \in \left[-\dfrac{\pi}{2}, \dfrac{\pi}{2} \right] \\ 0, & \text{其他情况} \end{cases} \tag{4.5.28}$$

式中，c 为材料的比热容，k 为线性热传导系数，a_s 为表面辐射吸收率，ε 为圆环表面发射辐射率，σ 为 Stefan-Boltzmann 常数。将温度场表示成平均温度 $\bar{T}$、周向温差 T_{1c} 和 T_{1s} 的形式，即

$$T(\theta, \varphi, t) \approx \bar{T}(\theta, t) + T_{1c}(\theta, t) \cos \varphi + T_{1s}(\theta, t) \sin \varphi \tag{4.5.29}$$

将式 (4.5.29) 代入式 (4.5.28)，考虑温度 $T^4 \approx \bar{T}^4 + 4\bar{T}^3(T_{1c} \cos \varphi + T_{1s} \sin \varphi)$，有

$$\rho c \frac{\partial \bar{T}}{\partial t} - \frac{k}{R^2} \frac{\partial^2 \bar{T}}{\partial \theta^2} + \frac{\sigma \varepsilon}{h} \bar{T}^4 = \frac{a_s S_0}{\pi h} \sin \beta_n \tag{4.5.30}$$

$$\rho c \frac{\partial T_{1c}}{\partial t} - \frac{k}{R^2} \frac{\partial^2 T_{1c}}{\partial \theta^2} + \left(\frac{k}{r^2} + \frac{4\sigma \varepsilon}{h} \bar{T}^3 \right) T_{1c} = \frac{a_s S_0}{2h} \cos \beta_r \sin \beta_n \tag{4.5.31}$$

$$\rho c \frac{\partial T_{1s}}{\partial t} - \frac{k}{R^2}\frac{\partial^2 T_{1s}}{\partial \theta^2} + \left(\frac{k}{r^2} + \frac{4\sigma\varepsilon}{h}\bar{T}^3\right)T_{1s} = \frac{a_s S_0}{2h}\sin\beta_r \sin\beta_n \quad (4.5.32)$$

式中，β_n 和 β_r 与圆环截面的位置及相应位置的弯曲挠度有关。

通过圆环结构在热冲击下的动响应仿真可以发现，热冲击动响应主要引起面外振动，为此可以略去面内振动热弯矩的影响。根据位移等效热载荷原理，可将热弯矩表示为温度场的函数，即

$$M_T(\theta,t) = \int_A \alpha_T E(T - T_0)z\mathrm{d}A = \frac{EI\alpha_T}{r}T_{1c}(\theta,t) \quad (4.5.33)$$

式中，α_T 为线膨胀系数，E 为弹性模量，A 表示横截面区域，I 为横截面关于 Y' 轴的惯性矩。显然，热弯矩与平均温度无关，仅与横截面周向温差 T_{1c} 有关。

太阳辐射向量 $\boldsymbol{S_0}$ 在圆环截面上可以分解为三个分量：沿 Z 轴向的分量 $\boldsymbol{S_Z}$、圆周法向分量 $\boldsymbol{S_R}$ 和圆周切向分量 $\boldsymbol{S_\theta}$，如图 4.5.5 所示。这三个分量与圆环横截面法向的夹角为

$$\beta_n^Z = \frac{\pi}{2} - \frac{\partial w}{R\partial\theta}, \quad \beta_n^R = -\frac{\partial w}{R\partial\theta}, \quad \beta_n^\theta = \frac{\pi}{2} \quad (4.5.34)$$

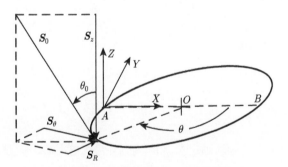

图 4.5.5　太阳辐射沿圆周的分量

与圆环横截面的投影夹角分别为 $\beta_r^Z = 0$、$\beta_r^R = 0$ 和 $\beta_r^\theta = \pi/2$。将辐射向量代入式 (4.5.32)，可得周向温差引起的 Z 向挠度满足的方程

$$\rho c \frac{\partial T_{1c}}{\partial t} - \frac{k}{R^2}\frac{\partial^2 T_{1c}}{\partial^2\theta} + \left(\frac{k}{r^2} + \frac{4\sigma\varepsilon}{h}\bar{T}^3\right)T_{1c} = \frac{a_s}{2h}\left(S_Z\cos\frac{\partial w}{R\partial\theta} - S_R\sin\frac{\partial w}{R\partial\theta}\right)$$
$$(4.5.35)$$

式中，θ_0 为太阳辐射 $\boldsymbol{S_0}$ 与 Z 方向之间的夹角，$S_Z = S_0\cos\theta_0$，$S_R = -S_0\sin\theta_0\sin\theta$。

数值仿真显示，一端固支的空间圆环受热冲击引起的挠度很小，而等效圆环结构细长，因此忽略剪切变形和绕 Y' 轴的转动惯量，只考虑圆环的面外振动。圆

环面外振动方程为

$$\rho A R \frac{\partial^2 w}{\partial t^2} + \mu \frac{\partial w}{\partial t} = \frac{\partial Q}{\partial \theta} \tag{4.5.36}$$

$$\frac{\partial M_t}{\partial \theta} = M_b \tag{4.5.37}$$

$$\frac{\partial M_b}{\partial \theta} + M_t = QR \tag{4.5.38}$$

式中，$Q(\theta, t)$、M_t 和 M_b 分别为薄壁截面上的剪力、扭矩和弯矩。

考虑热弯矩 M_T 的影响，则弯矩 M_b 与扭矩 M_t 与 Z 向弯曲挠度 $w(\theta, t)$、扭转角 $\Omega(\theta, t)$ 之间的关系为

$$M_t = \frac{GJ}{R^2} \left(\frac{\partial w}{\partial \theta} + R \frac{\partial \Omega}{\partial \theta} \right) \tag{4.5.39}$$

$$M_b + M_T = \frac{EI}{R^2} \left(\Omega R - \frac{\partial^2 w}{\partial \theta^2} \right) \tag{4.5.40}$$

联立求解式 (4.5.36)～式 (4.5.40)，得到计入热效应的弯-扭耦合振动方程

$$EI \left(\frac{\partial^6 w}{\partial \theta^6} + 2 \frac{\partial^4 w}{\partial \theta^4} + \frac{\partial w^2}{\partial \theta^2} \right) + \rho A R^4 \left(\frac{\partial^4 w}{\partial \theta^2 \partial t^2} - \frac{EI}{GJ} \frac{\partial^2 w}{\partial t^2} \right)$$
$$+ \mu R^3 \left(\frac{\partial^3 w}{\partial \theta^2 \partial t} - \frac{EI}{GJ} \frac{\partial w}{\partial t} \right) = -R^2 \left(\frac{\partial^4 M_T}{\partial \theta^4} + \frac{\partial^2 M_T}{\partial \theta^2} \right) \tag{4.5.41}$$

式中，G 为剪切弹性模量，J 为横截面关于形心 O' 的极惯性矩。横截面扭转角为

$$\frac{\partial^2 \Omega}{\partial \theta^2} = \frac{1}{EI + GJ} \left(\frac{EI}{R} \frac{\partial^4 w}{\partial \theta^4} - \frac{GJ}{R} \frac{\partial^2 w}{\partial \theta^2} + \rho A R^3 \frac{\partial^2 w}{\partial t^2} + \mu \frac{\partial w}{\partial t} + R \frac{\partial^2 M_T}{\partial \theta^2} \right) \tag{4.5.42}$$

根据图 4.5.4 所示，A 为圆环固定端，B 为圆环最远自由端，故圆环的边界条件是

$$w(\theta, t)|_{\theta = -\pi} = 0, \quad \left. \frac{\partial w(\theta, t)}{\partial \theta} \right|_{\theta = -\pi} = 0 \tag{4.5.43}$$

热传导方程 (4.5.30)～式 (4.5.32)、热弯矩方程 (4.5.33)、面外振动方程 (4.5.41) 共同构成了等效圆环的热-结构耦合方程。

(2) 热-结构耦合模型的解

数值研究发现，轴向平均温度的热反应时间比周向的热反应时间慢很多，因而可忽略热传导方程 (4.5.30) 和式 (4.5.35) 中轴向热传导的二阶小量 $\partial^2 \bar{T}/\partial \theta^2$ 和 $\partial^2 T_{1c}/\partial \theta^2$。此外，方程 (4.5.35) 中 Z 方向弯曲的挠度很小，故 $\cos(\partial w/\partial \theta/R) \approx 1$，$\sin(\partial w/\partial \theta/R) \approx \partial w/\partial \theta/R$。一端固支圆环的热传导方程近似表示为

$$\rho c \frac{\partial \bar{T}}{\partial t} + \frac{\sigma \varepsilon}{h} \bar{T}^{4\cdot} = \frac{a_s S_0}{h} \sin \frac{\beta_n}{\pi} \tag{4.5.44}$$

$$\rho c \frac{\partial T_{1c}}{\partial t} + \left(\frac{k}{r^2} + \frac{4\sigma\varepsilon}{h} \bar{T}^3 \right) T_{1c} = \frac{a_s}{2h} \left(S_z - S_R \frac{\partial w}{R\partial \theta} \right) \tag{4.5.45}$$

而热弯矩方程 (4.5.33)、面外振动方程 (4.5.41) 保持不变。

设弯曲挠度

$$w(\theta, t) = W(t)N(\theta) \tag{4.5.46}$$

其中，形函数 $N(\theta)$ 满足边界条件

$$N(\theta)|_{\theta=-\pi} = 0, \quad N'(\theta)|_{\theta=-\pi} = 0 \tag{4.5.47}$$

采用加权余量法求近似解时，取 $N(\theta)$ 为加权函数。对方程 (4.5.41) 乘以加权函数，并在 $(-\pi, \pi)$ 上积分，得

$$\int_{-\pi}^{\pi} \left[N(\theta) \cdot EI \left(\frac{\partial^6 w}{\partial \theta^6} + 2\frac{\partial^4 w}{\partial \theta^4} + \frac{\partial w^2}{\partial \theta^2} \right) + \rho A R^4 \left(\frac{\partial^4 w}{\partial \theta^2 \partial t^2} - \frac{EI}{GJ} \frac{\partial^2 w}{\partial t^2} \right) \right. $$
$$\left. + \mu R^3 \left(\frac{\partial^3 w}{\partial \theta^2 \partial t} - \frac{EI}{GJ} \frac{\partial w}{\partial t} \right) + R^2 \left(\frac{\partial^4 M_T}{\partial \theta^4} + \frac{\partial^2 M_T}{\partial \theta^2} \right) \right] \mathrm{d}\theta = 0 \tag{4.5.48}$$

考虑到方程 (4.5.46)~ 式 (4.5.48) 和热弯矩方程 (4.5.33)，得

$$M\ddot{W} + C\dot{W} + KW = P(t) \tag{4.5.49}$$

其中

$$M = \rho A R^4 \left(\int_{-\pi}^{\pi} N(\theta) \left(N''(\theta) - \frac{EI}{GJ} N(\theta) \right) \mathrm{d}\theta \right) \tag{4.5.50}$$

$$C = \mu R^3 \left(\int_{-\pi}^{\pi} \left(N(\theta) - \frac{EI}{GJ} \right) N''(\theta) \mathrm{d}\theta \right) \tag{4.5.51}$$

$$K = EI \int_{-\pi}^{\pi} N(\theta)(N^{(6)}(\theta) + 2N^{(4)}(\theta) + N''(\theta)) \mathrm{d}\theta \tag{4.5.52}$$

$$P(t) = -R^2 \frac{EI\alpha_T}{r} \int_{-\pi}^{\pi} N(\theta) \left(\frac{\partial^4 T_{1c}}{\partial \theta^4} + \frac{\partial^2 T_{1c}}{\partial \theta^2} \right) \mathrm{d}\theta \tag{4.5.53}$$

采用非耦合的平均温度 $\bar{T}^u$ 近似耦合的平均温度 $\bar{T}$，并忽略结构变形对平均温度的影响，将热传导近似方程 (4.5.44) 和式 (4.5.45) 化为非耦合形式

$$\rho c \frac{\partial \bar{T}^u}{\partial t} + \frac{\sigma\varepsilon}{h} \bar{T}^{u4} = \frac{a_s S_0}{\pi h} \sin \bar{\beta}_n \tag{4.5.54}$$

$$\rho c \frac{\partial T_{1c}^u}{\partial t} + \left(\frac{k}{r^2} + \frac{4\sigma\varepsilon}{h} \bar{T}^{u3} \right) T_{1c}^u = \frac{a_s S_z}{2h} \tag{4.5.55}$$

式中, $\bar{\beta}_n$ 为非耦合的横截面法向与太阳辐射间的夹角, T_{1c}^u 为非耦合的周向温差。这里可取平均温度趋于稳定的值 $\bar{T}^u|_{t\to\infty}$ 近似 $\bar{T}^u$, 即

$$\bar{T} \approx \bar{T}^u \approx \bar{T}^u|_{t\to\infty} = \left(\frac{a_s S_0 \cos\theta_0}{\pi\sigma\varepsilon}\right)^{1/4} \tag{4.5.56}$$

设方程 (4.5.45) 中的耦合周向温差 $T_{1c}(\theta, t)$ 等于非耦合的 $T_{1c}^u(t)$ 与耦合的扰动量 $\tilde{T}_{1c}(\theta,t)$ 之和, 即

$$T_{1c} = T_{1c}^u(t) + \tilde{T}_{1c}(\theta, t) \tag{4.5.57}$$

并将方程 (4.5.46)、式 (4.5.56) 和式 (4.5.57) 代入方程 (4.5.45), 有

$$\frac{\partial \tilde{T}_{1c}}{\partial t} + A_n \tilde{T}_{1c} = -B_n \sin\theta_0 (-\sin\theta) \frac{W(t)N'(\theta)}{R} \tag{4.5.58}$$

其中

$$A_n = \frac{1}{\rho c}\left(\frac{k}{r^2} + \frac{4\sigma\varepsilon}{h}\bar{T}^3\right), \quad B_n = \frac{a_s S_0}{2\rho ch} \tag{4.5.59}$$

耦合条件下扰动量 $\tilde{T}_{1c}(\theta,t)$ 的近似解可写成

$$\tilde{T}_{1c} = -N'(\theta)Q(t)\sin\theta \tag{4.5.60}$$

式中, $Q(t)$ 为仅与时间有关的温度分量。将方程 (4.5.57) 和式 (4.5.58) 代入热载荷方程 (4.5.53), 可以发现热载荷 $P(t)$ 仅与周向温差 T_{1c} 中的扰动量 $\tilde{T}_{1c}$ 有关。

(3) 圆环的稳定域

设三自由度状态变量为 $\boldsymbol{X} = \{V(t), \dot{V}(t), Q(t)\}^{\mathrm{T}}$, 则空间圆环的热–结构耦合派生系统的状态方程为

$$\dot{\boldsymbol{X}} = \boldsymbol{A}\boldsymbol{X} \tag{4.5.61}$$

其中

$$\boldsymbol{A} = \begin{pmatrix} 0 & 1 & 0 \\ -\dfrac{K}{M} & -\dfrac{C}{M} & D_n \\ -\dfrac{B_n \sin\theta_0}{R} & 0 & -A_n \end{pmatrix} \tag{4.5.62}$$

$$D_n = -R^2 \frac{EI\alpha_T}{Mr} \int_{-\pi}^{\pi} N(\theta)[(-\sin\theta N'(\theta))^{(4)} + (-\sin\theta N'(\theta))^{(2)}]\mathrm{d}\theta \tag{4.5.63}$$

从特征多项式 $\det(s\boldsymbol{I} - \boldsymbol{A}) = 0$, 得

$$s^3 + a_2 s^2 + a_1 s + a_0 = 0 \tag{4.5.64}$$

其中

$$a_0 = \frac{D_n B_n}{R} \sin\theta_0 + \frac{K}{M} A_n, \quad a_1 = \frac{C}{M} A_n + \frac{K}{M}, \quad a_2 = \frac{C}{M} + A_n \qquad (4.5.65)$$

根据 Routh-Hurwitz 准则，若 $a_0 > 0$、$a_1 > 0$、$a_2 > 0$ 且 $a_1 a_2 > 0$，热致振动渐近稳定。

(4) 算例

同样，以哈勃望远镜太阳翼桅杆材料构成的环形结构为例，圆环半径为 5m，有限元模型划分为 30 段，每段 5 个梁单元，共计 150 个单元。为揭示变形对于热致振动的影响，分别采用两种不同的弹性模量，$E = 1\mathrm{GPa}$ 和 $E = 10\mathrm{GPa}$，线膨胀系数均取 $\alpha_T = 1.0 \times 10^{-5}$。取近似该圆环面外振动的第一阶模态振型作为可行形函数，$N(\theta) = 4(1 + \cos\theta)/5 + (1 + \cos\theta)^2/5$。从图 4.5.6 可见，该形函数与圆环面外振动的第一阶模态振型吻合很好。

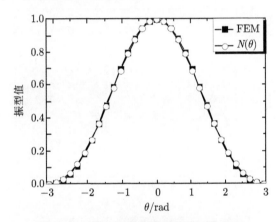

图 4.5.6　第一阶模态振型与形函数对比

图 4.5.7 给出了两种不同弹性模量下的稳定域。选取点 a (0.0001，$-30°$)、b (0.0005，$-30°$) 和 c (0.0015，$-30°$) 为例，考察圆环受热冲击时的动态响应，其中 a 点处于不稳定区域、b 点处于材料 $E = 1\mathrm{GPa}$ 稳定和 $E = 10\mathrm{GPa}$ 不稳定区域、c 点处于稳定区域。图 4.5.8 给出了对应于 a 点参数时最远端 B 沿 Z 轴向的动响应。可以看出，对应于材料 $E = 1\mathrm{GPa}$ 和 $E = 10\mathrm{GPa}$ 的动响应均发散，这与图 4.5.7 的 a 点区域稳定性一致；图 4.5.9 给出了对应于 b 点参数时最远端 B 在沿 Z 轴向的动响应。可以看出，对应于材料 $E = 1\mathrm{GPa}$ 的动响应收敛，而对应于 $E = 10\mathrm{GPa}$ 的动响应发散，这与图 4.5.7 的 b 点区域稳定性一致；图 4.5.10 给出了对应于 c 点参数时最远端 B 在沿 Z 轴向的动响应。可以看出，对应于材料 $E = 1\mathrm{GPa}$ 和 $E = 10\mathrm{GPa}$ 的动响应均收敛，这与图 4.5.7 的 c 点区域稳定性一致。

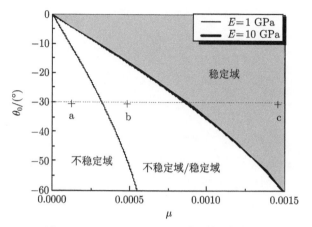

图 4.5.7　圆环模型不同弹性模量的稳定域

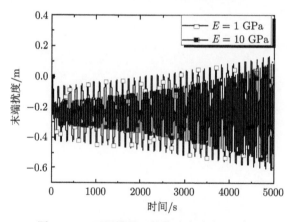

图 4.5.8　不同模量下的热冲击响应 (a 点)

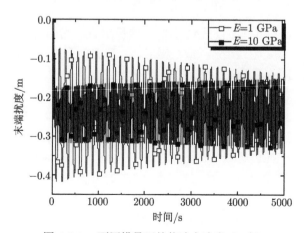

图 4.5.9　不同模量下的热冲击响应 (b 点)

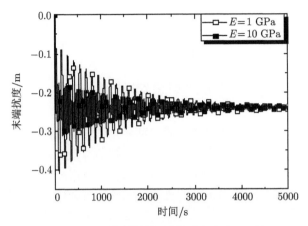

图 4.5.10 不同模量下的热冲击响应 (c 点)

本章针对空间环形桁架的支撑臂, 从耦合和非耦合两个方面研究了末端带集中质量的热–结构动态响应。结果表明, 在材料线热膨胀系数大、弹性模量小、带末端集中质量的情况下, 热–结构响应较大且非耦合与耦合计算存在较大差异; 在材料线热膨胀系数小、弹性模量大、不带末端集中质量的情况下, 热–结构响应小且非耦合与耦合的计算差异小。同时, 针对环形桁架受到突加太阳辐射时的热–结构响应问题, 对比分析了材料、尺寸、杆件截面半径及壁厚的影响, 结果与 Boley 热响应预测一致。其次, 计入热弯矩沿梁轴向和圆环圆周向的热梯度, 分别建立了空间梁和圆环的热–结构耦合动力学方程, 获得了热致振动的稳定性区域。

第 5 章　环形索网结构振动主动控制

采用主动控制拉索 (简称主动索或作动器) 对大型柔性空间结构进行振动主动控制由来已久。作为分布参数系统，空间结构节点众多，由于发射条件、空间环境等限制，只能采用极少量的作动器/传感器，因此作动器/传感器优化配置是空间结构振动主动控制的先决条件，直接影响振动主动控制的效果和性能。

本章针对大型索网结构和环形桁架结构的振动控制问题，对作动器/传感器配置进行寻优，提出了一种基于最小系统总储能积分、传感器最大接收信号能量的复合优化准则。考虑系统受到随机噪声干扰，基于线性二次型 Gauss 最优控制实现索网结构振动抑制。最后，提出了一种改进的拉线控制方法，用于环形桁架结构绕支撑臂的扭转振动控制。

5.1　索网结构动力学模型

5.1.1　索单元有限元模型

索网结构中索节点不传递弯矩且节点无约束，因而可将索节点看作铰接。此外，实际构成索网的材料变形较小，若不考虑材料非线性，则每根索可自然离散为**张力杆**单元，杆端连接处为节点。在空间环形桁架天线结构中，考虑在纵向拉索中加入诸如压电作动控制单元，以致索网结构有限元模型含两种单元：一种为不含作动器的被动索单元，包括前后张力索网及不含作动器的纵向拉索；一种为主动单元，即主动索单元。

当索单元长度相对于整体索网尺寸较小时，可以直接用直线单元模拟，如图 5.1.1 所示。建立局部坐标系 $\bar{o}\text{-}\bar{x}\bar{y}\bar{z}$，其中 $\bar{x}$ 轴沿索单元轴线方向，$\bar{y}$ 和 $\bar{z}$ 轴由右

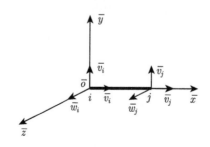

图 5.1.1　局部坐标系中的被动索单元

手定则确定。由于索单元在预张力作用下视为张力杆单元且只受轴向拉力，材料及几何参数在轴向上保持不变，其他方向均为刚体运动。因此，索单元沿轴向均匀变形，位移形函数和轴向几何矩阵分别为

$$
\boldsymbol{N} = \begin{bmatrix} 1-\bar{x}/l_e & 0 & 0 & \bar{x}/l_e & 0 & 0 \\ 0 & 1-\bar{x}/l_e & 0 & 0 & \bar{x}/l_e & 0 \\ 0 & 0 & 1-\bar{x}/l_e & 0 & 0 & \bar{x}/l_e \end{bmatrix} \tag{5.1.1}
$$

和

$$
\boldsymbol{B} = \{-1/l_e, 0, 0, 1/l_e, 0, 0\} \tag{5.1.2}
$$

式中，l_e 为索单元的长度。在局部坐标系下，索单元平衡方程为

$$
\bar{\boldsymbol{M}}^e \ddot{\bar{\boldsymbol{\delta}}}^e + (\bar{\boldsymbol{K}}^e + \bar{\boldsymbol{K}}^s)\bar{\boldsymbol{\delta}}^e = \bar{\boldsymbol{F}}^e \tag{5.1.3}
$$

式中，$\bar{\boldsymbol{\delta}}^e$ 为索单元形变向量。单元质量矩阵为

$$
\begin{aligned}
\bar{\boldsymbol{M}}^e &= \int_V \rho_e \boldsymbol{N}^{\mathrm{T}} \boldsymbol{N} \mathrm{d}V \\
&= \frac{\rho_e A_e l_e}{6} \begin{bmatrix} 2 & 0 & 0 & 1 & 0 & 0 \\ 0 & 2 & 0 & 0 & 1 & 0 \\ 0 & 0 & 2 & 0 & 0 & 1 \\ 1 & 0 & 0 & 2 & 0 & 0 \\ 0 & 1 & 0 & 0 & 2 & 0 \\ 0 & 0 & 1 & 0 & 0 & 2 \end{bmatrix} = \frac{\rho_e A_e l_e}{6} \boldsymbol{M}_0
\end{aligned} \tag{5.1.4}
$$

单元刚度矩阵

$$
\begin{aligned}
\bar{\boldsymbol{K}}^e &= \int_V \boldsymbol{B}^{\mathrm{T}} E \boldsymbol{B} \mathrm{d}V \\
&= \frac{E_e A_e}{l_e} \begin{bmatrix} 1 & 0 & 0 & -1 & 0 & 0 \\ 0 & 0 & 0 & 0 & 0 & 0 \\ 0 & 0 & 0 & 0 & 0 & 0 \\ -1 & 0 & 0 & 1 & 0 & 0 \\ 0 & 0 & 0 & 0 & 0 & 0 \\ 0 & 0 & 0 & 0 & 0 & 0 \end{bmatrix} = \frac{E_e A_e}{l_e} \boldsymbol{K}_0
\end{aligned} \tag{5.1.5}
$$

应力刚度矩阵

$$\bar{\boldsymbol{K}}^s = \frac{E_e A_e \varepsilon}{l_e} \begin{bmatrix} 0 & 0 & 0 & 0 & 0 & 0 \\ 0 & 1 & 0 & 0 & -1 & 0 \\ 0 & 0 & 1 & 0 & 0 & -1 \\ 0 & 0 & 0 & 0 & 0 & 0 \\ 0 & -1 & 0 & 0 & 1 & 0 \\ 0 & 0 & -1 & 0 & 0 & 1 \end{bmatrix} = \frac{E_e A_e \varepsilon}{l_e} \boldsymbol{K}_s \tag{5.1.6}$$

式中，A_e 和 E_e 分别为索单元的横截面面积和弹性模量，ε 为初始预张力产生的应变。

对于主动索单元，建立全局坐标系 $O\text{-}xyz$ 下的力学模型，如图 5.1.2 所示。设主动索对预张力索的作用力为 $\bar{\boldsymbol{F}}_c$，则作用于 j 节点处的力为

$$\bar{\boldsymbol{F}}_j = \bar{\boldsymbol{F}}_c \{\cos\alpha, \ \cos\beta, \ \cos\gamma\}^{\mathrm{T}} \tag{5.1.7}$$

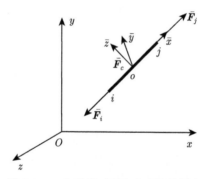

图 5.1.2 主动索对预张力索的作用力

式中，α、β 和 γ 为主动索在全局坐标系下的方位角。i 节点处的力为

$$\bar{\boldsymbol{F}}_i = -\bar{\boldsymbol{F}}_j \tag{5.1.8}$$

因此，主动索对结构的作用力为

$$\bar{\boldsymbol{F}}_c \{\cdots, \cos\alpha, \ \cos\beta, \ \cos\gamma, \ -\cos\alpha, \ -\cos\beta, \ -\cos\gamma, \cdots\}^{\mathrm{T}} \tag{5.1.9}$$

作用点位置按照索在全局坐标系下索网结构中的编号确定。例如，单元编号为 10 的主动索，两端节点编号分别为 4 和 9，则其作用力按照节点编号顺序写入控制力矩阵中。

5.1.2 索网结构动力学建模

设大型空间索网结构离散后的结构自由度为 n，不计阻尼的结构动力学方程表示为

$$M\ddot{\delta} + K\delta = BF_c + F_d \tag{5.1.10}$$

式中，M 和 K 分别为系统总质量矩阵和总刚度矩阵，F_d 为索网结构受到的干扰力；B 为主动控制单元的位置矩阵，布置在纵向调整索上，由主动索单元在全局坐标系中的方向余弦组成；$F_c \in R^{m \times 1}$ 为控制力向量，这里 m 为作动器数目。对于环形桁架天线结构，竖向调整索与全局坐标系的 z 轴平行，$\alpha = \beta = 90°$，$\gamma = 0°$，即 $\cos\alpha = \cos\beta = 0$，$\cos\gamma = 1$，故作用力的方向余弦向量为 $\{\cdots, 0, 0, 1, \cdots, 0, 0, -1, \cdots\}^T$。

采用模态截断对空间索网结构动力学进行模型降阶。令 $\delta = \Phi q$，这里 $\Phi = \{\varphi_1, \varphi_2, \cdots, \varphi_n\}^T$，$q = \{q_1, q_2, \cdots, q_n\}^T$，$\varphi_i$ 和 q_i 分别为第 i 阶振型向量和模态坐标。将模态分为两部分，即

$$\delta = [\Phi_c \quad \Phi_r] \left\{ \begin{array}{c} q_c \\ q_r \end{array} \right\} \tag{5.1.11}$$

式中，Φ_c 为由 n_c 个低阶模态组成的受控模态集，Φ_r 为剩余模态集。忽略外部干扰，分离受控模态，得

$$\bar{M}\ddot{q}_c + \bar{K}q_c = f \tag{5.1.12}$$

式中，$\bar{M} = \mathrm{diag}([1]) \in R^{n_c \times n_c}$，$\bar{K} = \mathrm{diag}([\omega_1^2, \omega_2^2, \cdots, \omega_{n_c}^2]) \in R^{n_c \times n_c}$，受控模态控制力 $f = \Phi_c^T B F_c$，$\Phi_c^T \in R^{n_c \times n}$。

5.2 作动器/传感器数目优化

5.2.1 复合优化准则

对于作动器/传感器数目，考虑数目、位置坐标相同，即采用作动器/传感器同位配置。定义输入能量自相关矩阵

$$W_a = \int_0^\infty ff^T \mathrm{d}t \tag{5.2.1}$$

其特征值为 $\Lambda = \{\lambda_1, \lambda_2, \cdots, \lambda_{n_c}\}^T$，这里非零特征值数目 m_v 代表作动器数目，特征值大小反映控制能量。实际中，一旦约定作动器数目的**约束系数** $k_v(k_v \leqslant 1)$ 时，有 (Yan and Yam, 2002)

$$\sum_{i=1}^{n_v \to \min} \lambda_i \bigg/ \sum_{i=1}^{m_v} \lambda_i > k_v \tag{5.2.2}$$

式中, n_v 为实际所需最优作动器数目。约束系数的选取与结构动力学密切相关, 对于空间对称的大型索网结构, 考虑到模态密集, 取 $k_v = 0.65 \sim 0.85$; 对于悬臂梁、板等模态稀疏结构, 取 $k_v = 0.8 \sim 0.95$。

令广义坐标下的状态变量 $\boldsymbol{X} = \{\boldsymbol{q}_c, \dot{\boldsymbol{q}}_c\}^{\mathrm{T}}$, 则状态空间形式为

$$\begin{cases} \dot{\boldsymbol{X}} = \boldsymbol{A}\boldsymbol{X} + \boldsymbol{B}\boldsymbol{F}_c \\ \boldsymbol{Y} = \boldsymbol{C}\boldsymbol{X} \end{cases} \tag{5.2.3}$$

其中

$$\begin{cases} \boldsymbol{A} = \begin{bmatrix} \boldsymbol{0}_{n_c \times n_c} & \boldsymbol{I}_{n_c \times n_c} \\ -\bar{\boldsymbol{K}}_{n_c \times n_c} & \boldsymbol{0}_{n_c \times n_c} \end{bmatrix}, \quad \boldsymbol{B} = \left\{ \begin{matrix} \boldsymbol{0}_{n_c \times n_v} \\ \boldsymbol{\Phi}_c^{\mathrm{T}}\tilde{\boldsymbol{B}} \end{matrix} \right\} = \left\{ \begin{matrix} \boldsymbol{0}_{n_c \times n_v} \\ \boldsymbol{B}(\boldsymbol{x}_a) \end{matrix} \right\} \\ \boldsymbol{C} = [\boldsymbol{0}_{n_s \times n_c} \quad \tilde{\boldsymbol{C}}\boldsymbol{\Phi}_c] = [\boldsymbol{0}_{n_v \times n_c} \quad \boldsymbol{C}(\boldsymbol{x}_s)] \end{cases} \tag{5.2.4}$$

式中, $\tilde{\boldsymbol{B}} \in \boldsymbol{R}^{n \times n_v}$ 和 $\tilde{\boldsymbol{C}} \in \boldsymbol{R}^{n_s \times n}$ 分别为作动器和传感器的配置矩阵, 这里 n_s 为实际所需最优传感器数目。$\boldsymbol{B}(\boldsymbol{x}_a)$ 和 $\boldsymbol{C}(\boldsymbol{x}_s)$ 是以作动器和传感器位置为变量的振型函数矩阵 (张宏伟, 徐世杰, 1999), 即

$$\begin{cases} \boldsymbol{B}(\boldsymbol{x}_a) = \begin{bmatrix} \varphi_1(x_{a1}) & \cdots & \varphi_1(x_{an_v}) \\ \cdots & \cdots & \cdots \\ \varphi_{n_c}(x_{a1}) & \cdots & \varphi_{n_c}(x_{an_v}) \end{bmatrix} \\ \boldsymbol{C}(\boldsymbol{x}_s) = \begin{bmatrix} \varphi_1(x_{s1}) & \cdots & \varphi_{n_c}(x_{s1}) \\ \cdots & \cdots & \cdots \\ \varphi_1(x_{sn_s}) & \cdots & \varphi_{n_c}(x_{sn_s}) \end{bmatrix} \end{cases} \tag{5.2.5}$$

当作动器和传感器同位配置时, 有 $\boldsymbol{B}(\boldsymbol{x}_a) = \boldsymbol{C}^{\mathrm{T}}(\boldsymbol{x}_s)$, $\boldsymbol{x}_a = \boldsymbol{x}_s$, $n_v = n_s$, $\tilde{\boldsymbol{B}} = \tilde{\boldsymbol{C}}^{\mathrm{T}}$。同时计入结构响应和作动器控制能量, 选择二次性能指标

$$W = \frac{1}{2}\int_0^\infty (\boldsymbol{X}^{\mathrm{T}}\boldsymbol{Q}\boldsymbol{X} + \boldsymbol{F}_c^{\mathrm{T}}\boldsymbol{R}\boldsymbol{F}_c)\mathrm{d}t \tag{5.2.6}$$

其中

$$\boldsymbol{Q} = \begin{bmatrix} \bar{\boldsymbol{K}} & \\ & \bar{\boldsymbol{M}} \end{bmatrix} \in \boldsymbol{R}^{2n_c \times 2n_c}, \quad \boldsymbol{R} = r_c\boldsymbol{I} \in \boldsymbol{R}^{n_v \times n_v} \tag{5.2.7}$$

式中, W 表示系统总储能积分 (动能、势能和控制器加权能量之和), $\boldsymbol{Q}$ 为半正定矩阵, r_c 为控制能量加权系数。根据二次最优控制理论, 当满足 $\boldsymbol{F}_c = -\boldsymbol{G}\boldsymbol{X} = -\boldsymbol{R}^{-1}\boldsymbol{B}^{\mathrm{T}}\boldsymbol{P}\boldsymbol{X}$ 时, 二次性能指标最小, 其中 $\boldsymbol{P}$ 满足 Riccati 方程

$$\boldsymbol{A}^{\mathrm{T}}\boldsymbol{P} + \boldsymbol{P}\boldsymbol{A} + \boldsymbol{Q} - \boldsymbol{P}\boldsymbol{B}\boldsymbol{R}^{-1}\boldsymbol{B}^{\mathrm{T}}\boldsymbol{P} = 0 \tag{5.2.8}$$

此时，闭环系统状态方程为

$$\begin{cases} \dot{\boldsymbol{X}} = \boldsymbol{A}\boldsymbol{X} - \boldsymbol{B}\boldsymbol{R}^{-1}\boldsymbol{B}^{\mathrm{T}}\boldsymbol{P}\boldsymbol{X} = \bar{\boldsymbol{A}}\boldsymbol{X} \\ \boldsymbol{Y} = \boldsymbol{C}\boldsymbol{X} \end{cases} \tag{5.2.9}$$

式中，$\bar{\boldsymbol{A}} = \boldsymbol{A} - \boldsymbol{B}\boldsymbol{R}^{-1}\boldsymbol{B}^{\mathrm{T}}\boldsymbol{P}$。从式 (5.2.9) 解出 $\boldsymbol{X} = \mathrm{e}^{\bar{\boldsymbol{A}}t}\boldsymbol{X}(0)$，代入式 (5.2.6)，得

$$W = \frac{1}{2}\boldsymbol{X}^{\mathrm{T}}(0)\boldsymbol{P}_a\boldsymbol{X}(0) \tag{5.2.10}$$

其中

$$\begin{aligned} \boldsymbol{P}_a &= \int_0^\infty \mathrm{e}^{\bar{\boldsymbol{A}}^{\mathrm{T}}t}[\boldsymbol{Q} + (\boldsymbol{R}^{-1}\boldsymbol{B}^{\mathrm{T}}\boldsymbol{P})^{\mathrm{T}}\boldsymbol{R}(\boldsymbol{R}^{-1}\boldsymbol{B}^{\mathrm{T}}\boldsymbol{P})]\mathrm{e}^{\bar{\boldsymbol{A}}t}\mathrm{d}t \\ &= \int_0^\infty \mathrm{e}^{\bar{\boldsymbol{A}}^{\mathrm{T}}t}\bar{\boldsymbol{Q}}\mathrm{e}^{\bar{\boldsymbol{A}}t}\mathrm{d}t \end{aligned} \tag{5.2.11}$$

式中，$\bar{\boldsymbol{Q}} = \boldsymbol{Q} + (\boldsymbol{R}^{-1}\boldsymbol{B}^{\mathrm{T}}\boldsymbol{P})^{\mathrm{T}}\boldsymbol{R}(\boldsymbol{R}^{-1}\boldsymbol{B}^{\mathrm{T}}\boldsymbol{P})$，$\boldsymbol{P}_a$ 为 Lyapunov 方程的解，即

$$\bar{\boldsymbol{A}}^{\mathrm{T}}\boldsymbol{P}_a + \boldsymbol{P}_a\bar{\boldsymbol{A}} = -\bar{\boldsymbol{Q}} \tag{5.2.12}$$

从式 (5.2.11) 可知，系统总储能积分依赖于初始状态。虽然系统实际运动的初始条件通常有不确定性，但分布有一定概率性。不妨设初始状态为均布在单位球面的随机变量，则系统总储能积分的上限为

$$\bar{W} = \frac{1}{2}\mathrm{tr}(\boldsymbol{P}_a) \tag{5.2.13}$$

此时，优化准则成为

$$\min \bar{W}(\boldsymbol{x}_a, \boldsymbol{x}_s, \boldsymbol{G}) \rightarrow \boldsymbol{x}_a^*, \ \boldsymbol{x}_s^*, \ \boldsymbol{G}^* \tag{5.2.14}$$

对于传感器设置，目标是使传感器接收的信号能量最大，即

$$W_s = \int_0^\infty \boldsymbol{Y}^{\mathrm{T}}\boldsymbol{Y}\mathrm{d}t = \boldsymbol{X}^{\mathrm{T}}(0)\boldsymbol{P}_s\boldsymbol{X}(0) \tag{5.2.15}$$

其中，$\boldsymbol{P}_s = \int_0^\infty \mathrm{e}^{\bar{\boldsymbol{A}}^{\mathrm{T}}t}\boldsymbol{C}^{\mathrm{T}}\boldsymbol{C}\mathrm{e}^{\bar{\boldsymbol{A}}t}\mathrm{d}t$ 满足 Lyapunov 方程

$$\bar{\boldsymbol{A}}\boldsymbol{P}_s + \boldsymbol{P}_s\bar{\boldsymbol{A}}^{\mathrm{T}} = -\boldsymbol{C}^{\mathrm{T}}\boldsymbol{C} \tag{5.2.16}$$

因而传感器接收的信号能量上限为

$$\bar{W}_s = \mathrm{tr}(\boldsymbol{P}_s) \tag{5.2.17}$$

最大优化准则

$$\max \bar{W}_s(\boldsymbol{x}_a, \boldsymbol{x}_s, \boldsymbol{G}) \rightarrow \boldsymbol{x}_a^*, \ \boldsymbol{x}_s^*, \ \boldsymbol{G}^* \tag{5.2.18}$$

采用直接速度反馈，作动器/传感器同位配置的复合优化准则为

$$\mathrm{OBJ} = \min \frac{\mathrm{tr}(\boldsymbol{P}_a)}{\mathrm{tr}(\boldsymbol{P}_s)} \rightarrow \boldsymbol{x}_a^*, \ \boldsymbol{x}_s^*, \ \boldsymbol{G}^* \tag{5.2.19}$$

5.2.2　优化配置遗传算法

1975 年，美国 Michigan 大学 Holland 教授提出了一种自适应全局概率搜索算法，通过模拟生物进化过程，实现了对于群体的以面为单位的最优搜索。遗传算法由三部分组成：(1) 编码机制；(2) 适应度函数；(3) 遗传算子。常用的遗传算子有：选择算子 (Selection)、交叉算子 (Crossover)、变异算子 (Mutation)。

(1) 编码和解码。主要有二进制编码、实数编码、整数编码等。二进制编码的编码、解码操作比较直观、简单易行，但精度略低；实数编码、整数编码相对而言操作复杂。这里提出一种有效提升精度及求解效率的基于字典序组合二进制编码的方法。

以大型空间索网结构的前张力索网为例，将作动器布置位置简化为索网上节点位置的编号。因此，选取优化变量为位置编号 $x \in (1, n)$，这里 n 为所有可选节点位置的总数。若要用 m 位的二进制编码串完整表示 x 的定义域，则需满足条件

$$2^{m-1} < n - 1 \leqslant 2^m - 1 \tag{5.2.20}$$

将二进制编码串解码为整数形式的节点位置编号，算法为

$$x = \left\langle 1 + \text{Decical}(y) \times \frac{n-1}{2^m - 1} \right\rangle \tag{5.2.21}$$

式中，$\text{Decical}(y)$ 表示二进制数 y 转化为十进制值，$\langle \cdot \rangle$ 表示四舍五入。若所需的主动索的数目为 n_a，则生成的染色体二进制串长为 $n_a \times m$。

(2) 初始种群：在上述二进制编码空间内随机生成 N 个初始二进制串结构—染色体，由这 N 个染色体组成初始种群。

(3) 求解适应度：用适应度函数描述每一个体的适宜程度，通过适应度评估比较个体或解的优劣。求解个体适应度函数是遗传算法选择操作的基础，优化目的旨在寻找出适应度最高的个体。这里采用式 (5.2.19) 求解个体适应度。

(4) 选择计算：基于适应度对种群中个体进行选择，筛选出优质个体，参与后续进化。这里采用保留父代中部分优秀个体，其余与子代共同组集选择的方案，确保父代适应度好的染色体，有利于收敛。

(5) 交叉操作：设交叉概率为 P_c，初始种群数目为 PopNum，随机选出 $\langle \text{PopNum} \times P_c/2 \rangle$ 对染色体作为双亲，采用多断点交叉法得到新的后代。交叉过程中在两个父代个体二进制编码串中每个子串 (一个子串代表一个位置信息) 随机产生一个断点，交换双亲染色体每个子串二进制串断点右侧的基因，从而产生新的后代，如表 5.2.1 所示。

表 5.2.1 交叉操作

	子串 1	子串 2	子串 3
父代个体	1 0 1 1 1 ⋮	1 0 0 1 ⋮	0 0 1 0
父代个体	2 1 1 0 0 ⋮	1 0 1 0 ⋮	1 0 0 1
	断点 1	断点 2	断点 3
		⇓ 交叉	
子代个体	1 0 1 0 0 ⋮	1 0 1 0 ⋮	0 0 1 1
子代个体	2 1 1 1 1 ⋮	1 0 0 1 ⋮	1 0 0 0

(6) 变异操作：针对交叉后新产生的子代个体，强制改变染色体基因，从而扩大搜索空间，避免遗传算法过早陷入局部最优。给定变异率 P_m，针对单个染色体的每个基因，随机产生一个 $c \in (0,1)$，若 $c \leqslant P_m$，对其进行变异操作，若变异前为 0，则变异后为 1，如图 5.2.1 所示。

变异前	0	[1]	1	1	[0]	0	1	0	[0]	1
		⇓			⇓		变异		⇓	
变异后	0	[0]	1	1	[1]	0	1	0	[1]	1

图 5.2.1 变异操作

在 MATLAB 遗传算法工具箱中，实现遗传算法的函数主要包括 ga、gaoptimget、gaoptimset。函数 ga 为实现遗传算法主要函数，可通过遗传算法搜寻指定函数 (适应度函数 OBJ) 的最小值。函数 gaoptimget 和 gaoptimset 分别用于获取遗传算法的参数值和设置遗传算法的参数值 (种群大小、交叉方式、交叉概率、变异方式、变异概率、选择方式等)。

5.2.3 字典序排列组合编码

以第二章索网为例，张力索网共有 355 个节点，1002 个单元，设 1~325 为作动器可布置的节点，则式 (5.2.20) 中 $n = 325$，可得 $m = 9$。若采用传统二进制编码，对 7 个主动索进行优化配置，则生成单个染色体的二进制串长为 $7 \times 9 = 63$，若单个种群含 200 个染色体，则计算时会占用大量计算机内存且产生很多无效解、冗余解。

例如,对于含 3 个主动索的情形,采用二进制编码的染色体 10000001 10000011 10000001 所指 3 个主动索位置节点编号为 (129, 131, 129)。显然，两个主动索位置重合，为无效解；再如，以两个染色体为例：(1) 10000001 00000001 10000011；(2) 00000001 10000001 10000011。2 个主动索位置节点编号分别为 (129, 1, 131) 和 (1, 129, 131)，显然，这两个染色体所表示的是同一个有效的主动索位置，但属于重复解。

这里采用一种能够满足一一映射且不会出现冗余或无效解的组合编码方式，即字典序组合排序，保证每个整数编码对应唯一的组合序列。例如，对于结构中可布置主动索位置为 5，实际布置 3 个主动索的情况，MATLAB 组合生成函数 nchoosek(1:n, k) 会对 n 中任意取 k 个数的所有组合按照字典序排列，并且生成 C_n^k 行、k 列矩阵。字典序组合排序如表 5.2.2 所示。

表 5.2.2　字典序排列组合编码

整数码	1	2	3	4	5	6	7	8	9	10
索位置	1, 2, 3	1, 2, 4	1, 2, 5	1, 3, 4	1, 3, 5	1, 4, 5	2, 3, 4	2, 3, 5	2, 4, 5	3, 4, 5

显然，字典序组合排序编码为满射且不存在同一组合对应两个相同的整数，故为单射，因而不会出现冗余解和无效解。此外，字典序组合排序仅对整数序列进行编码，编码长度大大减小。例如，对于上述五选三的情况，传统二进制编码需要 $3 \times 3 = 9$ 位编码长度，而对于字典序组合排列编码，因为实际是对整数编码进行二进制编码，整数编码最大为 10，有 $2^3 \leqslant 10 - 1 \leqslant 2^4 - 1$，仅需 4 位编码长度，从而大大减少计算时的内存占用，提高遗传算法的优化效率，尤其对于大型分布式空间结构。这里考虑的空间索网的 C_{325}^7 是一个极大的数，通过字典序排列组合编码可以大大缩减染色体编码长度。

通过遗传算法优化得到的整数编码 X 可通过查找 nchoosek(1:n, k) 生成的矩阵得到作动器位置编号，但是一般 nchoosek(1:n, k) 生成矩阵很大。因此，需要对整数编码 X 进行分解操作得到作动器位置编号。由排列组合，知

$$C_N^K = C_{N-1}^{K-1} + C_{N-2}^{K-1} + \cdots + C_{N-(N-K)}^{K-1} + 1 \tag{5.2.22}$$

从左往右分别分解来确定各个作动器位置。设共有 N 个作动器位置可布置点，K 个作动器，整数编码 X。具体操作如下：(1) 首先对作动器编号 $i \in [1, K]$ 置零，其对应的索网节点位置编号 (即作动器可能位置编号)$p \in (0, N)$ 置零；(2) 执行 $i = i+1$，$M = 0$；(3) 判定 M 和 X 大小，若 $M < X$，则执行 $p = p + 1$，$M = M + C_{N-p}^{K-i}$，直到 $M \geqslant X$；(4) 还原 M 值 $M = M - C_{N-p}^{K-i}$，并执行 $X = X - M$，此时第 i 个作动器位置编号即为 p，当 $i < K$ 时，执行第 (2) 和第 (3) 步，否则最后一个即第 $i = K$ 个作动器编号为 $p + M - 1$，算法结束。初始整数编码 X 分解为字典序排列的作动器位置编号。

<h2 align="center">5.3　算　　例</h2>

以图 5.3.1 所示大型空间索网结构为例，取空间预张力索网结构的前十阶模态 ($n_c = 10$) 进行作动器/传感器的数目/位置优化配置，研究在满足作动器数目

约束系数的条件下所需最优主动索 (作动器) 数目, 对比传统二进制编码遗传算法及基于字典序排列组合编码的遗传算法优化的编码长度及寻优效率。

　　由于仅取前十阶模态, 故式 (5.2.2) 中 $m_v = 10$, 则最优主动索的数目 $n_v \leqslant 10$, 进而获得主动索数目分别为 5、6、7、8、9 时其对应的系数, 如表 5.3.1 所示。

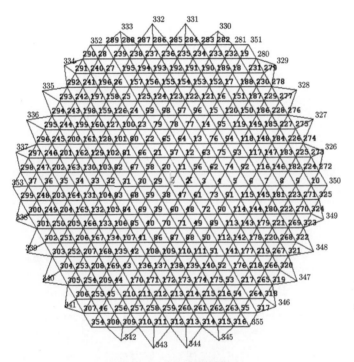

图 5.3.1　索网结构模型

表 5.3.1　主动索数目优化

数目	5	6	7	8	9
$\sum\limits_{i=1}^{n_v \to \min} \lambda_i \Big/ \sum\limits_{i=1}^{m_v} \lambda_i > k_v$	0.5100	0.6093	0.7086	0.8077	0.9068

　　对于大型空间索网结构, 取主动索数目约束系数 $k_v = 0.65$, 根据表 5.3.1 获得前十阶受控模态下的最优作动器/传感器数目为 $n_v = n_s = 7$。

　　因待优化的作动器位置均布离散且生成的个体互不相同, 为保持初始种群的多样性, 随机生成均布初始种群; 选择操作是从父代中选取精英个体产生新种群的过程, 这里选用轮盘赌选择算子, 按照适应度值匹配选择概率, 以保证精英个体被选择的概率, 确保遗传算法进化方向, 提高全局收敛性; 交叉操作是相匹配的基因串相互交换部分基因以产生新个体, 这里选用分散交叉操作; 变异操作是对群体中个体串的某些基因上的基因值作变动从而产生新个体，这里选用 Gauss 近似突变，以提高对重点搜索区域的局部搜索性能。

遗传算法参数选择：种群大小为 200、最大遗传代数取 100、交叉概率 0.6、Gauss 近似变异的两个参数均为 1。表 5.3.2 给出了采用改进编码方式得到的最佳适应度最小值 (无量纲) 及对应的主动索节点位置，如图 5.3.2 所示。可以看出，控制能量加权系数对最佳适应度值及作动器/传感器优化配置的位置影响较大，不同的加权系数影响控制力及控制能量的大小。图 5.3.3 给出了三种情况下字典序组合编码遗传算法寻优平均及最佳适应度值的进化过程。

表 5.3.2   最佳适应度值及主动索节点位置

控制能量加权系数	最佳适应度值 ($\times 10^9$)	主动索位置
$r_c = 0.1$	6.4810	64, 105, 109, 119, 125, 153, 175
$r_c = 1.0$	3.9439	11, 84, 117, 120, 158, 161, 176
$r_c = 10$	3.3843	17, 86, 92, 94, 142, 157, 168

从图 5.3.3 可见，当 $r_c = 0.1$ 时，进化到第 7 代即搜索到全局最优/次优解；当 $r_c = 1$ 时，进化到第 19 代完成进化；当 $r_c = 10$ 时，进化到第 37 代完成进化。可以发现，改进编码方式的遗传算法能够很快 (50 代以内) 收敛到全局最优/次优解，100 代进化平均耗时 1.78×10^4s (3.2-GHz Core(TM) i5-3470 处理器、4G-RAM 内存计算机)，传统二进制编码 100 代进化平均耗时 3.12×10^4s。结果表明，采用字典序排列组合编码的遗传算法使得计算效率大大提高，源于字典序排列组合编码染色体长度为 $\langle \log_2 C_{325}^7 \rangle + 1 = 47$ 位，而传统二进制编码染色体长度为 $7 \times (\langle \log_2 325 \rangle + 1) = 63$ 位，显著多于组合编码长度，以致消耗内存、占用时间加大，降低计算效率。此外，从获得的作动器节点位置亦知组合编码不会产生冗余解及无效解，说明寻优具有准确性。进一步分析发现，三种情况下平均适应度值收敛于较小值，说明整体种群进化较好，其中出现一些波动现象是由于交叉、变异等导致种群变化。

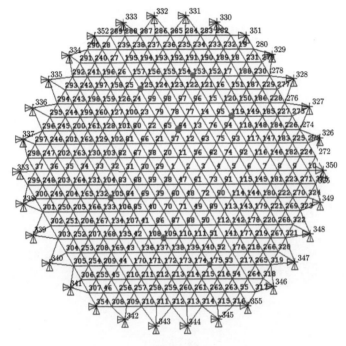

(a) $r_c = 0.1$

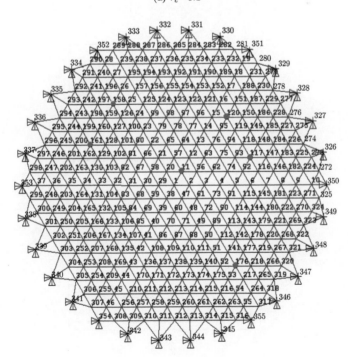

(b) $r_c = 1$

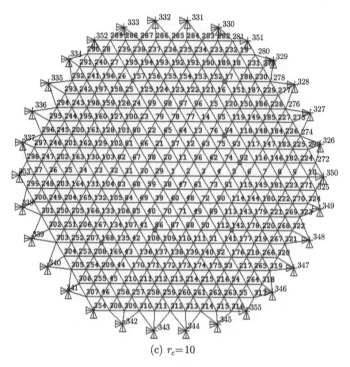

(c) $r_c = 10$

图 5.3.2 主动索节点位置

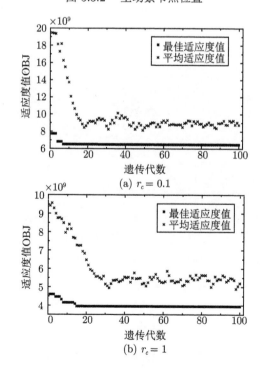

(a) $r_c = 0.1$

(b) $r_c = 1$

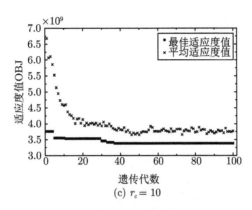

(c) $r_c = 10$

图 5.3.3　最佳适应度值的进化过程

5.4　基于优化位置的索网主动控制

从 5.3 节的计算结果发现，大型空间索网结构作为典型分布参数系统需要 7 个传感器/作动器，属于典型的多输入多输出控制问题，由于空间碎片、热辐射等空间环境扰动，可以带来系统参数和结构动态特性的不确定性，需要发展针对多变量、变结构等控制方法。这里针对遗传算法搜索到的作动器/传感器最优位置，设计并分析多输入多输出、含参数扰动的振动主动控制方法 (LQG 控制)，从而寻找适用于大型空间索网结构振动主动控制器，给出振动控制的效果。

5.4.1　二次型 Gauss 最优控制

考虑系统随机输入噪声与随机量测噪声的线性二次型 Gauss 最优控制 (Linear Quadratic Gauss, LQG)，本质是依据外界干扰噪声及传感器量测噪声的统计特性，将其简化为满足 Gauss 分布白噪声，在不完全反馈的条件下使线性二次形式的性能泛函最小。

索网结构在状态空间描述的动力学方程为

$$\begin{cases} \dot{\boldsymbol{X}} = \boldsymbol{A}\boldsymbol{X} + \boldsymbol{B}\boldsymbol{F}_c \\ \boldsymbol{Y} = \boldsymbol{C}\boldsymbol{X} \end{cases} \tag{5.4.1}$$

式中，$\boldsymbol{A}$、$\boldsymbol{B}$ 和 $\boldsymbol{C}$ 均为常数矩阵。引入与主动索优化配置相同的二次性能指标，即寻找 $\boldsymbol{F}_c$ 的最优值使 J 最小，即

$$\min J = \frac{1}{2} \int_0^\infty (\boldsymbol{X}^{\mathrm{T}} \boldsymbol{Q} \boldsymbol{X} + \boldsymbol{F}_c^{\mathrm{T}} \boldsymbol{R} \boldsymbol{F}_c) \mathrm{d}t \tag{5.4.2}$$

式中，$\boldsymbol{Q}$ 和 $\boldsymbol{R}$ 分别为半正定的状态变量加权矩阵和正定的输入变量加权矩阵。

根据极小值原理，构造 Hamilton 函数，得到最优全状态反馈控制率

$$\boldsymbol{F}_c = -\boldsymbol{K}_c \boldsymbol{X} = -\boldsymbol{R}^{-1} \boldsymbol{B}^{\mathrm{T}} \boldsymbol{P} \boldsymbol{X} \tag{5.4.3}$$

式中，$\boldsymbol{P}$ 为常值正定矩阵，满足 Riccati 方程

$$\boldsymbol{A}^{\mathrm{T}} \boldsymbol{P} + \boldsymbol{P} \boldsymbol{A} + \boldsymbol{Q} - \boldsymbol{P} \boldsymbol{B} \boldsymbol{R}^{-1} \boldsymbol{B}^{\mathrm{T}} \boldsymbol{P} = 0 \tag{5.4.4}$$

因此，系统设计归结于求解 Riccati 方程的问题，获得最优控制反馈增益矩阵 $\boldsymbol{K}_c$。

注意到，线性二次型 (Linear Quadratic Regulation, LQR) 最优控制一般为全状态反馈，需要全部状态信息使闭环反馈系统最优。然而，LQG 实际为输出反馈问题，需要并非完全可观测信息使闭环反馈系统最优。在大型空间索网结构中，为减少结构重量，便于控制器设计，对前十阶模态，这里采用 7 个同位配置的作动器/传感器，则传感器数目小于模态数，系统状态并非全状态观测且存在噪声干扰及传感器测量噪声。因此，根据分离原理，典型 LQG 问题是 LQR 全状态最优反馈控制设计和 Karlman 滤波器设计的综合问题。

Kalman 滤波器为一种状态观测器，即最优观测器。考虑受噪声干扰的状态量为随机量，通过原系统测量输出及控制输入，按统计信息进行状态估计，使估计值尽可能接近真实值，以抑制或滤掉噪声对系统的影响。

考虑过程噪声和传感器量测噪声，则状态空间描述的动力学方程修订为

$$\begin{cases} \dot{\boldsymbol{X}} = \boldsymbol{A} \boldsymbol{X} + \boldsymbol{B} \boldsymbol{F}_c + \boldsymbol{w}(t) \\ \boldsymbol{Y} = \boldsymbol{C} \boldsymbol{X} + \boldsymbol{v}(t) \end{cases} \tag{5.4.5}$$

式中，$\boldsymbol{w}(t)$ 和 $\boldsymbol{v}(t)$ 分别为系统过程噪声及传感器量测噪声，为零均值 Gauss 白噪声且相互独立、不相关。协方差矩阵满足

$$\begin{cases} E(\boldsymbol{w}(t)) = 0 \\ E(\boldsymbol{v}(t)) = 0 \\ E(\boldsymbol{w}(t)\boldsymbol{w}(\tau)^{\mathrm{T}}) = \boldsymbol{W}\delta(t-\tau) \\ E(\boldsymbol{v}(t)\boldsymbol{v}(\tau)^{\mathrm{T}}) = \boldsymbol{V}\delta(t-\tau) \\ E(\boldsymbol{w}(t)\boldsymbol{v}(\tau)^{\mathrm{T}}) = E(\boldsymbol{v}(t)\boldsymbol{w}(\tau)^{\mathrm{T}}) = 0 \end{cases} \tag{5.4.6}$$

式中，$\boldsymbol{W} = E(\boldsymbol{w}(t)\boldsymbol{w}(t)^{\mathrm{T}})$ 和 $\boldsymbol{V} = E(\boldsymbol{v}(t)\boldsymbol{v}(t)^{\mathrm{T}})$ 分别为系统噪声和量测噪声的协方差矩阵。

Kalman 滤波器方程为

$$\begin{cases} \dot{\hat{\boldsymbol{X}}} = \boldsymbol{A} \hat{\boldsymbol{X}} + \boldsymbol{B} \boldsymbol{F}_c + \boldsymbol{K}_e (\boldsymbol{Y} - \hat{\boldsymbol{Y}}) \\ \hat{\boldsymbol{Y}} = \boldsymbol{C} \hat{\boldsymbol{X}} \end{cases} \tag{5.4.7}$$

滤波器增益为

$$\boldsymbol{K}_e = \boldsymbol{P}_0 \boldsymbol{C}^{\mathrm{T}} \boldsymbol{V}^{-1} \tag{5.4.8}$$

满足 Riccati 方程

$$\boldsymbol{A}^{\mathrm{T}} \boldsymbol{P}_0 + \boldsymbol{P}_0 \boldsymbol{A} + \boldsymbol{W} - \boldsymbol{P}_0 \boldsymbol{C} \boldsymbol{V}^{-1} \boldsymbol{C}^{\mathrm{T}} \boldsymbol{P}_0 = \boldsymbol{0} \tag{5.4.9}$$

可见,Kalman 滤波器最优增益矩阵与线性模型的系统矩阵 $\boldsymbol{A}$、输出矩阵 $\boldsymbol{C}$、系统噪声和量测噪声协方差矩阵 $\boldsymbol{W}$ 和 $\boldsymbol{V}$ 有关。

设计 LQG 控制器的一般步骤为:(1) 根据二次性能指标 J,寻找最优全状态反馈增益矩阵 $\boldsymbol{K}_c$;(2) 根据系统量测 $\boldsymbol{Y}$,通过 Kalman 滤波器得到系统状态估计 $\hat{\boldsymbol{X}}$,从而获得闭环反馈控制输入及 Kalman 滤波器增益 $\boldsymbol{K}_e$;(3) 构建 LQG 控制器。

考虑三种不同的作动器控制能量加权系数:(a) $r_c = 0.1$;(b) $r_c = 1$;(c) $r_c = 10$。环形索网直径 12m,通过组合编码遗传算法优化得到各个控制器/传感器的位置。对于零均值高斯分布白噪声,给定系统噪声、量测噪声协方差,$\boldsymbol{W} = 10^{-6} \boldsymbol{I}_{7\times7}$、$\boldsymbol{V} = \boldsymbol{I}_{7\times7}$,针对不同的控制能量加权系数,得到开环系统及含 LQG 控制器的闭环系统在受控前后的幅频特性,如图 5.4.1 所示。

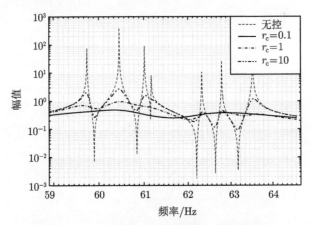

图 5.4.1 开环及 LQG 闭环系统的幅频特性

可以看出,三种情况下的 LQG 闭环系统振动主动控制均有良好的控制效果,闭环系统频响峰值较开环系统减小很多。作动器控制能量加权系数越小,闭环系统频率峰值减小越大,控制效果越好,这是由于控制能量加权系数直接影响模态作用力,即加权系数越小需要的控制力越大,相应的闭环系统控制效果越好。因此,在作动器最大控制力允许范围内,应尽量减小能量加权系数,增大作动器的控制力。

在保证作动器最大控制力的前提下, 取 $r_c = 0.1$, 主动索对应节点位置为 (64, 105, 109, 119, 125, 153, 175)。若主动索采用压电作动器, 设作动因子 (压电作动器在单位电压作用下产生的控制力) 为 $k_{uv} = 10\mathrm{N/V}$, 考察较剧烈的外界扰动作用下的控制器效果。给定初始模态向量 $\boldsymbol{X}(0) = \{[0.1 \ \boldsymbol{0}_{1\times9}]^{\mathrm{T}}; \ \boldsymbol{0}_{10\times1}\}$, 仿真时间 $t = 5\mathrm{s}$, 初始零输入。取索网 84 号和 120 号节点为参考点, 给出无控与 LQG 控制器下 z 方向的位移、速度, 结果如图 5.4.2 所示。可以看出, 由于索网结构建模过程中忽略了自身阻尼, 故无控时的位移、速度不衰减; 在剧烈的外部扰动作用下, 位移响应达到了 0.08m, 速度响应达到了 30m/s 量级。压电作动器能够快速有效地抑制索网结构的振动, 位移和速度均在 0.5s 内衰减到开环系统的 5% 以内, 0.8s 内衰减为零。图 5.4.3 给出了 7 个主动索在前 5s 内的主动控制力。可以看出, 7 个主动控制力均匀。

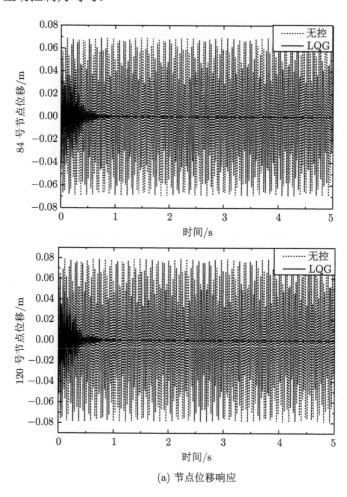

(a) 节点位移响应

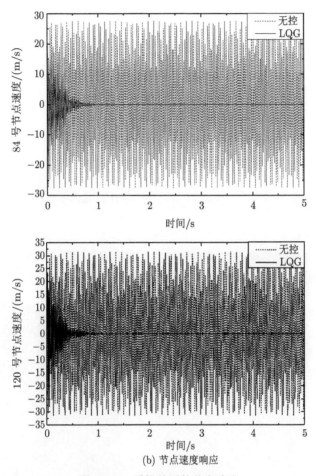

(b) 节点速度响应

图 5.4.2 受控前后的节点响应

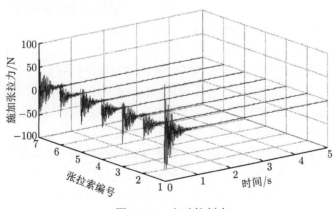

图 5.4.3 主动控制力

5.4.2 拉线控制

拉线控制的灵感源于自然界中控制动物运动的肌腱，通过肌腱伸缩实现肢体的摆动控制。拉线作为一种注入阻尼的方式，可以在不增加重量、保证系统构型和可靠性的同时很好地抑制结构振动 (Preumont, Achkire and Bossens, 2000；Fujii, Sugimoto, Watanabe and Kusagaya, 2015)。

这里提出利用拉线和电机结合来替代肌腱实现大型空间可展开环形桁架结构振动的方法。拉线控制装置包括：环形桁架结构 1、索网反射面 2、展开臂 3、执行机构 4、航天器 5、拉线及控制模块 6，其中拉线的一端缠绕在电机卷线轴 41 上，另一端与环形桁架结构 1 连接，执行机构包括电机卷线轴 41、电机 42 和电机驱动器 43，如图 5.4.4 所示。为了体现拉线振动控制的效果，这里以抑制展开臂——环形桁架结构绕展开臂的一阶扭转振动为例，并采用气浮球轴承作为浮动平台。环形桁架侧面粘贴双目相机标记点，标记点附近大约 50~70cm 处架设双目相机，实时测量标记点响应。

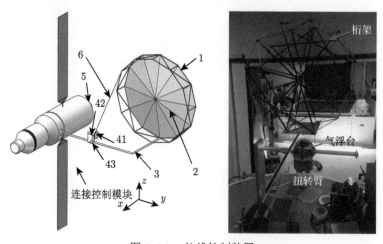

图 5.4.4 拉线控制装置

设计了基于输出反向电流与电机转动角度的增量进行控制的策略，即通过电机每隔一定时间输出的角度，以角度增量来反映环形桁架结构的瞬时动响应。通常，角度增量越大，说明所需控制电流越大。一旦电机与环形桁架上拉线固定端的位移变大，则控制电机转动以拉紧拉线，给桁架结构注入阻尼；当该位移变小，则拉线松弛，控制电机不转动。因而，在桁架结构振动的一个周期内，拉线在半个周期上拉紧、半个周期松弛。由于施加的拉力与拉线固定端的运动反向，从而有效吸收结构振动的能量，达到振动抑制的目的，该方法不需要附加额外的复杂控制器和作动器，提高了结构在轨控制的可靠性。具体如下：

(1) 当结构相对于静平衡位置振动时，获得电机 42 实时反馈给控制模块的角速度 ω，这里设结构振动远离平衡位置时的 ω 为正，反之为负，取决于所述拉线在电机卷线轴 41 上的绕向。

(2) 判断 ω 正负，若为正，则利用存储在控制模块中的方法，计算出此时需要输出给电机 42 的电流，即

$$I_{\text{out}} = I_{\text{max}} - I_0 \mathrm{e}^{-\beta\omega} \tag{5.4.10}$$

式中，β 为与所选用的电机性能有关的参数，I_{max} 是电机能输出的最大电流，若为负，I_{out} 输出为一个比较小的值 I_0，$I_0 < I_{\text{max}}$，如图 5.4.5 所示。

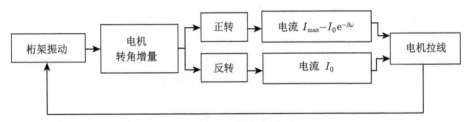

图 5.4.5 拉线控制步骤

实验步骤：

(1) 保持气浮平台压力在 0.2~0.3 MPa 之间。

(2) 连接双目相机和电机至电脑 USB 接口。启动电机，观察到拉线被拉紧，此时电流约 200mA，拉力很小，相当于提供初始预紧力；实验中取 $I_{\text{max}} = 1000\text{mA}$，$I_0 = 200\text{mA}$。

(3) 采用冲击激励，为保证每次实验的冲击能量相同，每次从一个固定高度释放碰撞物，碰撞物反弹后，避免再次发生二次碰撞。同时，碰撞瞬间打开双目相机，记录桁架结构的振幅；

(4) 重复几次实验。

实验中，由于电流不连续，当结构振动快要停止时，拉线被拉伸速度比较小，一个较大的反向电流会使系统快速偏移到另一侧，并在另一侧产生较大的反向位移，导致电机不停在 I_{max} 和 I_0 之间来回切换，使得桁架结构以直径为轴线产生振动。因而，一种改进的控制方法是：在角度增量小于零时保持不变，角度增量大于零时，换成一个逐渐上升的函数，从而避免电机不停快速正反转的问题，即

$$I_{\text{out}} = \begin{cases} I_{\text{max}} - I_0 \mathrm{e}^{-\beta\omega}, & \omega < 0 \\ I_0, & \omega \geqslant 0 \end{cases} \tag{5.4.11}$$

式中，β 取为 0.003。图 5.4.6 给出了桁架结构在拉线固定端的位移响应控制效果。

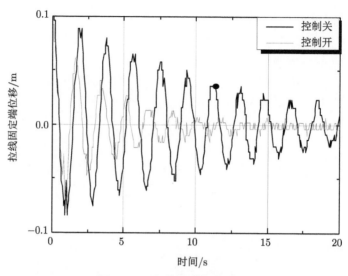

图 5.4.6　拉线控制实验结果

　　本章简要介绍了遗传算法的基本特点及算法流程，针对传统二进制编码的编码长度过长、计算效率低下、易产生冗余解、无效解等缺陷，提出了一种基于字典序排列的组合编码方式，用于大型索网结构作动器/传感器配置寻优问题。针对闭环系统最优控制，提出了基于最小系统总储能积分、传感器最大接收信号能量的复合优化准则。结果表明，加权系数影响控制力、控制能量，从而影响作动器/传感器的最优位置。基于组合编码的寻优可有效降低编码长度、大大提高计算效率、实现快速的全局收敛，并能够消除无效解和冗余解。

　　提出的改进拉线控制技术，可以为结构注入阻尼，以致在不增加重量，保证系统构型和可靠性的同时，能够很好地抑制环形桁架结构的振动。

第 6 章 基于分布参数的空间结构最优控制

随着空间技术的迅猛发展，航天器的结构形式已经变得越来越复杂，如大型可展开天线、太空望远镜、空间柔性机械臂、太阳能帆板等，大型化和轻量化成为这些航天器结构的发展趋势。从动力学与控制的角度来看，大型柔性空间结构 (Large Flexible Space Structures, LFSS) 一般具有以下特征：(1) 本质上属于分布参数系统；(2) 固有频率很低，而且往往 "成堆" 出现；(3) 系统阻尼很小；(4) 地面试验难以准确预测其在轨行为；(5) 对姿态、消振和定位要求很高。

传统基于有限维近似模型的结构振动主动控制方法容易产生控制与观测溢出的问题。对于 LFSS 而言，由于其低频模态密集且系统的阻尼很小，这种溢出问题将变得更加突出，而直接利用分布参数模型来设计控制器则可避免对模型进行有限维近似带来的误差。本章基于分布参数模型对大型柔性空间结构的振动主动控制进行研究。

6.1 控制系统构成及数学模型

同集中参数控制系统一样，分布参数控制系统的主要组成部分是受控对象、观测器和控制器。观测器测得受控对象的运动状态，并将测得的信号送到控制器。控制器根据控制要求，把观测信号经过变换、处理，形成控制信号，再将它加在受控对象上，使其按照控制作用而运动。对于分布参数系统，就其控制和测量的方式而言，较集中参数系统有更大的灵活性和多样性，这是分布参数控制系统的一个重要特点。

目前，分布参数系统的控制方式主要有以下几种 (钱学森, 宋健, 2011)：一种是点控制，即控制作用集中加在分布参数对象的有限个孤立点上；另一种是分布控制，即控制作用分别加在受控对象的有限个区域上，甚至在整个受控对象上；第三种是边界控制，控制作用只加在受控对象的边界上。对应于上面的几种控制方式，也有相应的测量方式，分别是点测量、分布测量和边界测量。分布参数控制系统在控制和测量方式上的这些特点，相应地带来了系统分析和设计上的复杂性。

由于分布对象的能量和质量通常在空间上连续分布，因此分布参数控制系统的数学模型一般采用偏微分方程、积分方程或微分—积分方程来描述。这里主要

考虑由偏微分方程所描述的分布参数控制系统，即

$$\frac{\partial x_i(t, \boldsymbol{z})}{\partial t} = f_i(x_1(t, \boldsymbol{z}), \cdots, x_n(t, \boldsymbol{z}), u_1(t, \boldsymbol{z}), \cdots, u_r(t, \boldsymbol{z})), \quad i = 1, 2, \cdots, n \tag{6.1.1}$$

式中，$\boldsymbol{z} = [z_1 \ z_2 \ \cdots \ z_m] \in \Omega$ 为空间变量，Ω 是 m 维欧式空间中的某一连通区域，其边界为 $\partial\Omega$。$x_i(t, \boldsymbol{z})$，$i = 1, 2, \cdots, n$ 为系统的状态变量，$u_j(t, \boldsymbol{z})$，$j = 1, 2, \cdots, r$ 为系统的控制变量，f_i 是空间变量的偏微分算子。

为了简化数学模型的表达，定义向量值函数 $\boldsymbol{x}(t, \boldsymbol{z}) = \{x_1(t, \boldsymbol{z}), \cdots, x_n(t, \boldsymbol{z})\}^{\mathrm{T}}$ 和 $\boldsymbol{u}(t, \boldsymbol{z}) = \{u_1(t, \boldsymbol{z}), \cdots, u_r(t, \boldsymbol{z})\}^{\mathrm{T}}$，将式 (6.1.1) 表示为向量空间形式

$$\frac{\partial \boldsymbol{x}(t, \boldsymbol{z})}{\partial t} = \boldsymbol{f}(\boldsymbol{x}(t, \boldsymbol{z}), \boldsymbol{u}(t, \boldsymbol{z})) \tag{6.1.2}$$

式中，$\boldsymbol{x}(t, \boldsymbol{z})$ 为系统的状态向量，$\boldsymbol{u}(t, \boldsymbol{z})$ 为系统的控制向量，$\boldsymbol{f} = [f_1 \ f_2 \ \cdots \ f_n]$。

我们知道，一个用常微分方程描述的系统，只要初始状态给定，它的运动就能唯一确定。对于偏微分方程描述的系统，为确定它的解，除了初始条件外，还需引入边界条件。偏微分方程的初始条件和边界条件统称为**定解条件**。系统的初始条件可以表示为

$$\boldsymbol{x}(t_0, \boldsymbol{z}) = \boldsymbol{x}_0(\boldsymbol{z}) \tag{6.1.3}$$

边界条件表示为

$$\boldsymbol{g}(\boldsymbol{x}(t, \boldsymbol{z}'), \boldsymbol{u}_s(t, \boldsymbol{z}')) = 0, \quad \boldsymbol{z}' \in \partial\Omega \tag{6.1.4}$$

式中，$\boldsymbol{g} = [g_1, g_2, \cdots, g_N]$，$g_i$ 是空间变量的微分算子，$\boldsymbol{u}_s$ 是边界控制函数。

对于线性分布参数系统，式 (6.1.2) 表示的数学模型可以变换为

$$\frac{\partial \boldsymbol{x}(t, \boldsymbol{z})}{\partial t} = \boldsymbol{A}\boldsymbol{x}(t, \boldsymbol{z}) + \boldsymbol{B}\boldsymbol{u}(t, \boldsymbol{z}) \tag{6.1.5}$$

边值条件 (6.1.4) 可以变换为

$$\boldsymbol{M}\boldsymbol{x}(t, \boldsymbol{z}') = \boldsymbol{u}_s(t, \boldsymbol{z}'), \quad \boldsymbol{z}' \in \partial\Omega \tag{6.1.6}$$

式中，$\boldsymbol{A}$ 和 $\boldsymbol{M}$ 是关于空间变量的矩阵线性微分算子，$\boldsymbol{B}$ 称为**输入算子**。

在一般情况下，系统的状态不能直接测量，测量元件所能给出的量往往是系统状态的一个函数，此时观测器方程为

$$\boldsymbol{y}(t) = \boldsymbol{C}\boldsymbol{x}(t, \boldsymbol{z}) \tag{6.1.7}$$

式中，$\boldsymbol{y}(t)$ 为系统的输出向量，$\boldsymbol{C}$ 称为**输出算子**。

6.2　线性二次型最优控制

考虑线性分布参数控制系统

$$\frac{\partial \boldsymbol{x}(t,\boldsymbol{z})}{\partial t} = \boldsymbol{A}\boldsymbol{x}(t,\boldsymbol{z}) + \boldsymbol{B}\boldsymbol{u}(t) \tag{6.2.1a}$$

$$\boldsymbol{y}(t) = \boldsymbol{C}\boldsymbol{x}(t,\boldsymbol{z}) \tag{6.2.1b}$$

式中，状态变量 $\boldsymbol{x}(t,\boldsymbol{z})$ 属于无穷维的 Hilbert 空间 $\mathscr{H}$，$\boldsymbol{u}(t)$ 和 $\boldsymbol{y}(t)$ 分别代表控制和输出向量值函数，算子矩阵 $\boldsymbol{A}$ 生成空间 $\mathscr{H}$ 上一强连续的算子半群 $\boldsymbol{T}(t)$，矩阵 $\boldsymbol{B}$ 和 $\boldsymbol{C}$ 分别为有界的输入和输出算子。

考虑系统 (6.2.1) 的线性二次型最优控制问题，其目标是寻找控制量 $\boldsymbol{u}(t)$，使性能泛函

$$J = \int_0^\infty [\langle \boldsymbol{Q}_1\boldsymbol{y}(t), \boldsymbol{y}(t)\rangle + \langle \boldsymbol{Q}_2\boldsymbol{u}(t), \boldsymbol{u}(t)\rangle]\mathrm{d}t \tag{6.2.2}$$

取最小值。符号 $\langle f,g\rangle$ 表示函数 f 和 g 的内积，$\boldsymbol{Q}_1$ 为非负自伴随的输出加权算子，$\boldsymbol{Q}_2$ 为对称正定的控制加权算子。系统 (6.2.1) 满足式 (6.2.2) 的最优控制率为 (Grad and Morris, 1996)

$$\boldsymbol{u}(t) = -\boldsymbol{K}\boldsymbol{x}(t,\boldsymbol{z}) = -\boldsymbol{Q}_2^{-1}\boldsymbol{B}^*\boldsymbol{\Pi}\,\boldsymbol{x}(t,\boldsymbol{z}) \tag{6.2.3}$$

式中，$\boldsymbol{K} = \boldsymbol{Q}_2^{-1}\boldsymbol{B}^*\boldsymbol{\Pi}$ 为反馈增益算子，$\boldsymbol{B}^*$ 表示 $\boldsymbol{B}$ 的自伴随算子，当算子 $\boldsymbol{B}$ 为矩阵时，$\boldsymbol{B}^*$ 为 $\boldsymbol{B}$ 的复共轭转置。算子 $\boldsymbol{\Pi}$ 满足如下算子 Riccati 方程

$$\boldsymbol{A}^*\boldsymbol{\Pi} + \boldsymbol{\Pi}\boldsymbol{A} - \boldsymbol{\Pi}\boldsymbol{B}\boldsymbol{Q}_2^{-1}\boldsymbol{B}^*\boldsymbol{\Pi} + \boldsymbol{C}^*\boldsymbol{Q}_1\boldsymbol{C} = 0 \tag{6.2.4}$$

因此，对于无穷维系统的线性二次型问题需要解式 (6.2.4) 对应的算子 Riccati 方程。然而，式 (6.2.4) 通常无法求出解析解。对此，Davis 等 (Davis and Barry, 1976; Davis and Dickinson, 1983; Davis 2002) 对于算子 $\boldsymbol{A}$ 为稳定算子的情形，给出了一种无须求解算子 Riccati 方程，而通过频域内积分计算最优反馈增益的方法，即对于 $\boldsymbol{Q}_1$ 和 $\boldsymbol{Q}_2$ 均为单位算子的情形，利用等式

$$\boldsymbol{I} + \boldsymbol{B}^*(-\mathrm{i}\omega\boldsymbol{I} - \boldsymbol{A}^*)^{-1}\boldsymbol{C}^*\boldsymbol{C}(\mathrm{i}\omega\boldsymbol{I} - \boldsymbol{A})^{-1}\boldsymbol{B}$$
$$=[\boldsymbol{I} + \boldsymbol{B}^*\boldsymbol{R}^*(\mathrm{i}\omega\,;\boldsymbol{A})\boldsymbol{\Pi}\,\boldsymbol{B}][\boldsymbol{I} + \boldsymbol{B}^*\boldsymbol{\Pi}\,\boldsymbol{R}(\mathrm{i}\omega\,;\boldsymbol{A})\boldsymbol{B}] \tag{6.2.5}$$

和

$$\boldsymbol{C}[\boldsymbol{I}\mathrm{i}\omega - (\boldsymbol{A} - \boldsymbol{B}\boldsymbol{B}^*\boldsymbol{\Pi})]^{-1}\boldsymbol{B}$$

$$=C(I\mathrm{i}\omega - A)^{-1}B[I + B^*\Pi (I\mathrm{i}\omega - A)^{-1}B]^{-1} \tag{6.2.6}$$

获得最优反馈增益算子

$$K = B^*\Pi = \frac{1}{2\pi}\int_{-\infty}^{\infty}[F^*(\mathrm{i}\omega)]^{-1}G^*(\mathrm{i}\omega)CR(\mathrm{i}\omega\,;A)\mathrm{d}\omega \tag{6.2.7}$$

式 (6.2.5) 由线性二次型最优控制的**回差等式** (Return Difference Equality) 得到 (MacFarlane, 1970)，式 (6.2.6) 可由矩阵求逆引理导出 (张贤达, 2004)。

在式 (6.2.7) 中，$R(\mathrm{i}\omega; A) = (\mathrm{i}\omega I - A)^{-1}$ 称为算子 A 的预解算子，$G(\mathrm{i}\omega) = CR(\mathrm{i}\omega; A)B$ 为开环系统的传递函数，$F(\mathrm{i}\omega)$ 是由下列谱分解 (Spectral Factorization) 得到的**谱因子**

$$H(\mathrm{i}\omega) = I + G^*(\mathrm{i}\omega)G(\mathrm{i}\omega) = F^*(\mathrm{i}\omega)F(\mathrm{i}\omega) \tag{6.2.8}$$

Davis 给出的最优反馈增益计算公式 (6.2.7) 适用于加权算子都是单位算子的情形。对于非单位算子的一般情形，式 (6.2.5) 和式 (6.2.6) 为

$$Q_2 + B^*(-\mathrm{i}\omega I - A^*)^{-1}C^*Q_1C(\mathrm{i}\omega I - A)^{-1}B$$
$$=[I + B^*R^*(\mathrm{i}\omega\,;A)\Pi\,BQ_2^{-1}]Q_2[I + Q_2^{-1}B^*\Pi\,R(\mathrm{i}\omega\,;A)B] \tag{6.2.9}$$

和

$$C[I\mathrm{i}\omega - (A - BQ_2^{-1}B^*\Pi)]^{-1}B$$
$$=C(I\mathrm{i}\omega - A)^{-1}B[I + Q_2^{-1}B^*\Pi (I\mathrm{i}\omega - A)^{-1}B]^{-1} \tag{6.2.10}$$

这里，式 (6.2.9) 为线性二次型最优控制回差等式的一般形式，等式右端 $I + Q_2^{-1}B^*\Pi\,R(\mathrm{i}\omega\,;A)B$ 称为**反馈系统回差**。式 (6.2.10) 同样可由矩阵求逆引理导出。

利用式 (6.2.9) 和式 (6.2.10)，按照 (Davis and Barry, 1976) 的推导方法，可以得到分布参数系统线性二次型最优控制增益计算公式的一般形式

$$K = Q_2^{-1}B^*\Pi$$
$$= \frac{1}{2\pi}Q_2^{-1}\int_{-\infty}^{\infty}[F^*(\mathrm{i}\omega)]^{-1}G^*(\mathrm{i}\omega)Q_1CR(\mathrm{i}\omega\,;A)\mathrm{d}\omega \tag{6.2.11}$$

其中，谱因子 $F(\mathrm{i}\omega)$ 由下列谱分解得到

$$H(\mathrm{i}\omega) = Q_2 + G^*(\mathrm{i}\omega)Q_1G(\mathrm{i}\omega) = F^*(\mathrm{i}\omega)Q_2F(\mathrm{i}\omega) \tag{6.2.12}$$

6.3 环形结构最优控制

在空间结构中，通常采用环形结构用作大型薄膜反射器、太阳能吸收器等航天器结构的边界支撑。当这些环形结构的直径与其横截面尺寸相比很大时，可以采用圆环进行等效建模。本节针对在一点处固支的圆环的面内振动，采用分布参数系统线性二次型最优控制器设计方法来设计圆环结构振动控制器，以达到抑制空间环形结构振动之目的。

6.3.1 固支圆环面内振动方程

考虑某空间环形结构，假设其力学模型可以采用一个考虑剪切变形以及转动惯量的圆环描述，旨在揭示采用分布参数模型设计的控制器对改善控制溢出的作用，故对理论模型与实际结构之间的模型误差不作探讨，感兴趣的读者可参考有关分布参数系统鲁棒控制的研究。

研究半径为 R 的标准弹性圆环，如图 6.3.1 所示。当圆环发生面内振动时，记圆环上任意一点 C 沿 x 和 y 方向的位移为 u_x 和 u_y，绕 z 轴的转角为 φ_z。

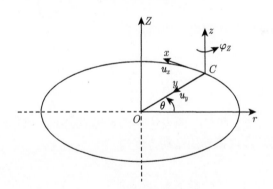

图 6.3.1　圆环模型及其坐标系

假设空间结构不具有外部阻尼，仅考虑圆环材料内阻尼，采用等效粘性阻尼来模拟圆环的材料内阻尼。在 1.4 节圆环动力平衡方程 (1.4.4) 的基础上，考虑圆环模型的剪切变形、转动惯量及等效粘性阻尼，得到圆环面内振动的动力平衡方程为

$$\frac{1}{R}\frac{\partial N}{\partial \theta} - \frac{Q_y}{R} - c_1\frac{\partial u_x}{\partial t} + q_x = \rho A\frac{\partial^2 u_x}{\partial t^2} \tag{6.3.1a}$$

$$\frac{1}{R}\frac{\partial Q_y}{\partial \theta} + \frac{N}{R} - c_2\frac{\partial u_y}{\partial t} + q_y = \rho A\frac{\partial^2 u_y}{\partial t^2} \tag{6.3.1b}$$

$$\frac{1}{R}\frac{\partial M_z}{\partial \theta} + Q_y - c_3\frac{\partial \varphi_z}{\partial t} + m_z = J_z\frac{\partial^2 \varphi_z}{\partial t^2} \tag{6.3.1c}$$

式中，c_1、c_2 和 c_3 为圆环的等效粘性阻尼系数，q_x、q_y 和 m_z 为圆环上作用的分布荷载及分布力矩。对于圆环上作用集中载荷的情形，有

$$\begin{cases} q_x = \sum_i \dfrac{q_{xi}(t)}{R}\delta(\theta - \theta_i) \\[2mm] q_y = \sum_j \dfrac{q_{yj}(t)}{R}\delta(\theta - \theta_j) \\[2mm] m_z = \sum_k \dfrac{m_{zk}(t)}{R}\delta(\theta - \theta_k) \end{cases} \tag{6.3.2}$$

式中，$\delta(\cdot)$ 为 Dirac 函数，θ_i、θ_j 和 θ_k 分别为集中载荷 q_{xi}、q_{yj} 和 m_{zk} 的作用位置。圆环的轴向力 N 和弯矩 M_z 的计算同 1.4 节，剪切力为

$$Q_y = k_y GA\gamma_y \tag{6.3.3}$$

式中，$k_y GA$ 为圆环的剪切刚度。剪切角为

$$\gamma_y = \frac{u_x}{R} + \frac{1}{R}\frac{\partial u_y}{\partial \theta} - \varphi_z \tag{6.3.4}$$

将圆环内力 N、Q_y 和 M_z 的表达式代入式 (6.3.1)，可得考虑剪切变形和横截面转动惯量的圆环面内振动的运动方程为

$$\frac{EA}{R}\frac{\partial}{\partial \theta}\left(\frac{\partial u_x}{R\partial \theta} - \frac{u_y}{R}\right) - \frac{k_y GA}{R}\left(\frac{u_x}{R} + \frac{1}{R}\frac{\partial u_y}{\partial \theta} - \varphi_z\right) - c_1\frac{\partial u_x}{\partial t} + q_x = \rho A\frac{\partial^2 u_x}{\partial t^2} \tag{6.3.5a}$$

$$\frac{k_y GA}{R}\frac{\partial}{\partial \theta}\left(\frac{u_x}{R} + \frac{1}{R}\frac{\partial u_y}{\partial \theta} - \varphi_z\right) + \frac{EA}{R}\left(\frac{\partial u_x}{R\partial \theta} - \frac{u_y}{R}\right) - c_2\frac{\partial u_y}{\partial t} + q_y = \rho A\frac{\partial^2 u_y}{\partial t^2} \tag{6.3.5b}$$

$$\frac{EI_z}{R^2}\frac{\partial^2 \varphi_z}{\partial \theta^2} + k_y GA\left(\frac{u_x}{R} + \frac{1}{R}\frac{\partial u_y}{\partial \theta} - \varphi_z\right) - c_3\frac{\partial \varphi_z}{\partial t} + m_z = J_z\frac{\partial^2 \varphi_z}{\partial t^2} \tag{6.3.5c}$$

考虑圆环在一点处固支，不失一般性，令固支点位于 $\theta = 0$ 处，则圆环边界条件为

$$\begin{cases} u_x(t,0) = u_x(t,2\pi) = 0 \\ u_y(t,0) = u_y(t,2\pi) = 0 \\ \varphi_z(t,0) = \varphi_z(t,2\pi) = 0 \end{cases} \tag{6.3.6}$$

6.3.2 圆环的状态空间模型

对于二阶偏微分方程组 (6.3.5)，通过引入新变量，可将其降阶为一阶偏微分方程组。令

$$v_1 = \frac{\partial u_x}{\partial t}, \qquad v_2 = \frac{\partial u_y}{\partial t}, \qquad v_3 = \frac{\partial \varphi_z}{\partial t},$$

$$\eta_1 = \frac{\partial u_x}{R\partial\theta} - \frac{u_y}{R}, \quad \eta_2 = \frac{u_x}{R} + \frac{1}{R}\frac{\partial u_y}{\partial\theta} - \varphi_z, \quad \eta_3 = \frac{\partial \varphi_z}{\partial\theta} \tag{6.3.7}$$

可以发现，这里的 v_1、v_2 和 v_3 为圆环面内振动的速度分量，η_1、η_2 和 η_3 对应圆环面内振动的应变分量。将式 (6.3.7) 代入方程 (6.3.5)，有

$$\frac{\partial v_1}{\partial t} = \frac{EA}{\rho AR}\frac{\partial \eta_1}{\partial\theta} - \frac{k_y GA}{\rho AR}\eta_2 - \frac{c_1 v_1}{\rho A} + \frac{q_x}{\rho A} \tag{6.3.8a}$$

$$\frac{\partial v_2}{\partial t} = \frac{k_y GA}{\rho AR}\frac{\partial \eta_2}{\partial\theta} + \frac{EA}{\rho AR}\eta_1 - \frac{c_2 v_2}{\rho A} + \frac{q_y}{\rho A} \tag{6.3.8b}$$

$$\frac{\partial v_3}{\partial t} = \frac{EI_z}{J_z R^2}\frac{\partial \eta_3}{\partial\theta} + \frac{k_y GA}{J_z}\eta_2 - \frac{c_3 v_3}{J_z} + \frac{m_z}{J_z} \tag{6.3.8c}$$

$$\frac{\partial \eta_1}{\partial t} = \frac{1}{R}\frac{\partial v_1}{\partial\theta} - \frac{v_2}{R} \tag{6.3.8d}$$

$$\frac{\partial \eta_2}{\partial t} = \frac{v_1}{R} + \frac{1}{R}\frac{\partial v_2}{\partial\theta} - v_3 \tag{6.3.8e}$$

$$\frac{\partial \eta_3}{\partial t} = \frac{\partial v_3}{\partial\theta} \tag{6.3.8f}$$

定义状态向量 $\boldsymbol{x}(t,\theta) = \{v_1, v_2, v_3, \eta_1, \eta_2, \eta_3\}^{\mathrm{T}}$，将方程 (6.3.8) 表示成状态空间形式

$$\frac{\partial \boldsymbol{x}(t,\theta)}{\partial t} = \boldsymbol{A}\boldsymbol{x}(t,\theta) + \boldsymbol{f}(t,\theta) = \boldsymbol{A}_1\frac{\partial \boldsymbol{x}(t,\theta)}{\partial\theta} + \boldsymbol{A}_0\boldsymbol{x}(t,\theta) + \boldsymbol{f}(t,\theta) \tag{6.3.9}$$

式中，$\boldsymbol{f}(t,\theta) = \{q_x/\rho A, q_x/\rho A, m_z/J_z, 0, 0, 0\}^{\mathrm{T}}$ 为外载荷向量，$\boldsymbol{A}_1$ 和 $\boldsymbol{A}_0$ 为 6×6 阶的实常数矩阵，分别为

$$\boldsymbol{A}_1 = \begin{bmatrix} 0 & 0 & 0 & \dfrac{EA}{\rho AR} & 0 & 0 \\[2mm] 0 & 0 & 0 & 0 & \dfrac{k_y GA}{\rho AR} & 0 \\[2mm] 0 & 0 & 0 & 0 & 0 & \dfrac{EI_z}{J_z R^2} \\[2mm] \dfrac{1}{R} & 0 & 0 & 0 & 0 & 0 \\[2mm] 0 & \dfrac{1}{R} & 0 & 0 & 0 & 0 \\[2mm] 0 & 0 & 1 & 0 & 0 & 0 \end{bmatrix}$$

和

$$\boldsymbol{A}_0 = \begin{bmatrix} -\dfrac{c_1}{\rho A} & 0 & 0 & 0 & -\dfrac{k_y GA}{\rho AR} & 0 \\[2mm] 0 & -\dfrac{c_2}{\rho A} & 0 & \dfrac{EA}{\rho AR} & 0 & 0 \\[2mm] 0 & 0 & -\dfrac{c_3}{J_z} & 0 & \dfrac{k_y GA}{J_z} & 0 \\[2mm] 0 & -\dfrac{1}{R} & 0 & 0 & 0 & 0 \\[2mm] \dfrac{1}{R} & 0 & -1 & 0 & 0 & 0 \\[2mm] 0 & 0 & 0 & 0 & 0 & 0 \end{bmatrix}$$

相应地，圆环的边界条件和初始条件用状态量表示为

$$\boldsymbol{\Sigma}_0 \boldsymbol{x}(t,0) + \boldsymbol{\Sigma}_1 \boldsymbol{x}(t,2\pi) = \boldsymbol{D}\boldsymbol{g}(t) \tag{6.3.10}$$

和

$$\boldsymbol{x}(0,\theta) = \boldsymbol{x}^0(\theta) \tag{6.3.11}$$

式中，$\boldsymbol{\Sigma}_0$ 和 $\boldsymbol{\Sigma}_1$ 为 6×6 阶的边界矩阵，$\boldsymbol{g}(t)$ 是 m×1 维的边界扰动向量，$\boldsymbol{D}$ 是一个 6×m 阶的矩阵。对于式 (6.3.6) 表示的圆环边界条件，$\boldsymbol{g}(t) = \boldsymbol{0}$，矩阵 $\boldsymbol{\Sigma}_0$ 和 $\boldsymbol{\Sigma}_1$ 分别为

$$\boldsymbol{\Sigma}_0 = \begin{bmatrix} 1 & 0 & 0 & 0 & 0 & 0 \\ 0 & 1 & 0 & 0 & 0 & 0 \\ 0 & 0 & 1 & 0 & 0 & 0 \\ 0 & 0 & 0 & 0 & 0 & 0 \\ 0 & 0 & 0 & 0 & 0 & 0 \\ 0 & 0 & 0 & 0 & 0 & 0 \end{bmatrix}, \quad \boldsymbol{\Sigma}_1 = \begin{bmatrix} 0 & 0 & 0 & 0 & 0 & 0 \\ 0 & 0 & 0 & 0 & 0 & 0 \\ 0 & 0 & 0 & 0 & 0 & 0 \\ 1 & 0 & 0 & 0 & 0 & 0 \\ 0 & 1 & 0 & 0 & 0 & 0 \\ 0 & 0 & 1 & 0 & 0 & 0 \end{bmatrix}$$

式 (6.3.9)~式 (6.3.11) 为一阶偏微分方程组的初–边值问题,可以转换到 Laplace 域下求解。对方程 (6.3.9) 和式 (6.3.10) 进行 Laplace 变换,得

$$s\hat{\boldsymbol{x}}(s,\theta) - \boldsymbol{x}^0(\theta) = \boldsymbol{A}_1\frac{\partial\hat{\boldsymbol{x}}(s,\theta)}{\partial\theta} + \boldsymbol{A}_0\hat{\boldsymbol{x}}(s,\theta) + \hat{\boldsymbol{f}}(s,\theta) \tag{6.3.12}$$

$$\boldsymbol{\Sigma}_0\hat{\boldsymbol{x}}(s,0) + \boldsymbol{\Sigma}_1\hat{\boldsymbol{x}}(s,2\pi) = \boldsymbol{D}\hat{\boldsymbol{g}}(s) \tag{6.3.13}$$

式中,上标 "^" 代表 Laplace 变换后的量。将式 (6.3.12) 重写为

$$\frac{\partial\hat{\boldsymbol{x}}(s,\theta)}{\partial\theta} = \boldsymbol{A}_1^{-1}(s\boldsymbol{I} - \boldsymbol{A}_0)\hat{\boldsymbol{x}}(s,\theta) + \hat{\boldsymbol{M}}(s,\theta) \tag{6.3.14}$$

其中

$$\hat{\boldsymbol{M}}(s,\theta) = -\boldsymbol{A}_1^{-1}[\boldsymbol{x}^0(\theta) + \hat{\boldsymbol{f}}(s,\theta)] \tag{6.3.15}$$

偏微分方程组 (6.3.14) 中只含有关于 θ 的偏导数项,其满足边界条件 (6.3.13) 的解可以表示为 (Bennett and Kwatny, 1989)

$$\hat{\boldsymbol{x}}(s,\theta) = \int_0^{2\pi} \boldsymbol{G}_r(s,\theta,\xi)\hat{\boldsymbol{M}}(s,\theta)\mathrm{d}\xi + \boldsymbol{H}_{BC}(s,\theta)\hat{\boldsymbol{g}}(s) \tag{6.3.16}$$

式中,$\boldsymbol{G}_r(s,\theta,\xi)$ 为方程 (6.3.14) 的矩阵 Green 函数,$\boldsymbol{H}_{BC}(s,\theta)$ 是由边界扰动 $\hat{\boldsymbol{g}}(s)$ 到状态向量 $\hat{\boldsymbol{x}}(s,\theta)$ 的传递函数矩阵

$$\boldsymbol{G}_r(s,\theta,\xi) = \begin{cases} -\boldsymbol{N}(s,\theta)\boldsymbol{\Sigma}_1\boldsymbol{\Phi}(s,2\pi-\xi), & 0 \leqslant \theta \leqslant \xi \\ \boldsymbol{N}(s,\theta)\boldsymbol{\Sigma}_0\boldsymbol{\Phi}(s,-\xi), & \xi \leqslant \theta \leqslant 2\pi \end{cases} \tag{6.3.17}$$

$$\boldsymbol{H}_{BC}(s,\theta) = \boldsymbol{N}(s,\theta)\boldsymbol{D} \tag{6.3.18}$$

其中

$$\boldsymbol{\Phi}(s,\theta) = \exp[\boldsymbol{A}_1^{-1}(s\boldsymbol{I} - \boldsymbol{A}_0)\theta] \tag{6.3.19}$$

$$\boldsymbol{N}(s,\theta) = \boldsymbol{\Phi}(s,\theta)[\boldsymbol{\Sigma}_0 + \boldsymbol{\Sigma}_1\boldsymbol{\Phi}(s,2\pi)]^{-1} \tag{6.3.20}$$

式中,$\boldsymbol{\Phi}(s,\theta)$ 为微分方程组 (6.3.14) 的基解矩阵。由式 (6.3.16) 可以计算出圆环在复频域下的响应,再通过 Laplace 逆变换得到圆环时域响应。

6.3.3 圆环振动最优控制

依据式 (6.3.16) 表示的解形式,方程 (6.3.9) 中矩阵算子的预解算子可以采用如下积分算子表示

$$\boldsymbol{R}(\mathrm{i}\omega;\boldsymbol{A}) = -\int_0^{2\pi} \boldsymbol{G}_r(\mathrm{i}\omega,\theta,\xi)\boldsymbol{A}_1^{-1}(\cdot)\mathrm{d}\xi \tag{6.3.21}$$

从而可以将最优控制率 (6.2.3) 表示为

$$\boldsymbol{u}(t) = -\int_0^{2\pi} \boldsymbol{K}_{\mathrm{dis}}(\xi)\boldsymbol{x}(t,\xi)\mathrm{d}\xi \tag{6.3.22}$$

其中

$$\boldsymbol{K}_{\mathrm{dis}}(\xi) = -\frac{1}{2\pi}\boldsymbol{Q}_2^{-1}\int_{-\infty}^{\infty}[\boldsymbol{F}^*(\mathrm{i}\omega)]^{-1}\boldsymbol{G}^*(\mathrm{i}\omega)\boldsymbol{Q}_1\boldsymbol{C}\boldsymbol{G}_r(\mathrm{i}\omega,\theta,\xi)\boldsymbol{A}_1^{-1}\mathrm{d}\omega \tag{6.3.23}$$

称为分布参数控制系统的**增益函数** (Functional Gain)。

将式 (6.3.22) 的 Laplace 变换代入式 (6.3.16)，得

$$\hat{\boldsymbol{x}}(s,\theta) = -\int_0^{2\pi} \boldsymbol{G}_r(s,\theta,\xi)\boldsymbol{A}_1^{-1}\boldsymbol{x}^0(\xi)\mathrm{d}\xi - \boldsymbol{G}_{\boldsymbol{x}}(s,\theta)\cdot\int_0^{2\pi}\boldsymbol{K}_{\mathrm{dis}}(\xi)\hat{\boldsymbol{x}}(s,\xi)\mathrm{d}\xi \tag{6.3.24}$$

其中

$$\boldsymbol{G}_{\boldsymbol{x}}(s,\theta) = -\int_0^{2\pi}\boldsymbol{G}_r(s,\theta,\xi)\boldsymbol{A}_1^{-1}\boldsymbol{B}\mathrm{d}\xi = \boldsymbol{R}(s;\boldsymbol{A})\boldsymbol{B} \tag{6.3.25}$$

表示由输入到系统状态量 $\boldsymbol{x}$ 的传递函数。在式 (6.3.24) 中，令 $\theta = \tau$，这里 τ 是 $[0, 2\pi]$ 上的任意一点，然后在式 (6.3.24) 两边同乘以 $\boldsymbol{K}_{\mathrm{dis}}(\tau)$，并对等式两边从 0 到 2π 积分，有

$$\int_0^{2\pi}\boldsymbol{K}_{\mathrm{dis}}(\tau)\hat{\boldsymbol{x}}(s,\tau)\mathrm{d}\tau = -\int_0^{2\pi}\boldsymbol{K}_{\mathrm{dis}}(\tau)\cdot\int_0^{2\pi}\boldsymbol{G}_r(s,\tau,\xi)\boldsymbol{A}_1^{-1}\boldsymbol{x}^0(\xi)\mathrm{d}\xi\mathrm{d}\tau$$
$$-\int_0^{2\pi}\boldsymbol{K}_{\mathrm{dis}}(\tau)\boldsymbol{G}_{\boldsymbol{x}}(s,\tau)\mathrm{d}\tau\cdot\int_0^{2\pi}\boldsymbol{K}_{\mathrm{dis}}(\xi)\hat{\boldsymbol{x}}(s,\xi)\mathrm{d}\xi$$
$$\tag{6.3.26}$$

由于

$$\int_0^{2\pi}\boldsymbol{K}_{\mathrm{dis}}(\tau)\hat{\boldsymbol{x}}(s,\tau)\mathrm{d}\tau = \int_0^{2\pi}\boldsymbol{K}_{\mathrm{dis}}(\xi)\hat{\boldsymbol{x}}(s,\xi)\mathrm{d}\xi \tag{6.3.27}$$

故从式 (6.3.26) 可以获得

$$\int_0^{2\pi}\boldsymbol{K}_{\mathrm{dis}}(\xi)\hat{\boldsymbol{x}}(s,\xi)\mathrm{d}\xi = -\int_0^{2\pi}\boldsymbol{K}_{\mathrm{dis}}(\tau)\cdot\int_0^{2\pi}\boldsymbol{G}_r(s,\tau,\xi)\boldsymbol{A}_1^{-1}\boldsymbol{x}^0(\xi)\mathrm{d}\xi\mathrm{d}\tau$$
$$\cdot\left[\boldsymbol{I}_S + \int_0^{2\pi}\boldsymbol{K}_{\mathrm{dis}}(\tau)\boldsymbol{G}_{\boldsymbol{x}}(s,\tau)\mathrm{d}\tau\right]^{-1} \tag{6.3.28}$$

式中，$\boldsymbol{I}_S$ 是 S 阶的单位矩阵。将式 (6.3.28) 代入式 (6.3.24)，便可以计算出圆环在复频域下的闭环响应，即

$$\hat{\boldsymbol{x}}(s,\theta) = -\int_0^{2\pi} \boldsymbol{G}_r(s,\theta,\xi)\boldsymbol{A}_1^{-1}\boldsymbol{x}^0(\xi)\mathrm{d}\xi + \boldsymbol{G}_{\boldsymbol{x}}(s,\theta)$$

$$\cdot \int_0^{2\pi} \boldsymbol{K}_{\mathrm{dis}}(\tau)\int_0^{2\pi}\boldsymbol{G}_r(s,\tau,\xi)\boldsymbol{A}_1^{-1}\boldsymbol{x}^0(\xi)\mathrm{d}\xi\mathrm{d}\tau$$

$$\cdot \left[\boldsymbol{I}_S + \int_0^{2\pi}\boldsymbol{K}_{\mathrm{dis}}(\tau)\boldsymbol{G}_{\boldsymbol{x}}(s,\tau)\mathrm{d}\tau\right]^{-1} \tag{6.3.29}$$

6.3.4 算例

以半径 $R=2\mathrm{m}$ 的环形结构为例,验证基于分布参数模型控制器设计的有效性。圆环模型刚度参数为 $EA=1.0\times10^5\mathrm{N}$、$k_yGA=1.0\times10^4\mathrm{N}$、$EI_z=5.0\times10^3\mathrm{N\cdot m^2}$,单位长度质量和转动惯量为 $\rho A=0.5\mathrm{kg/m}$ 和 $J_z=0.01\mathrm{kg\cdot m}$。不计圆环外部阻尼,只考虑圆环中存在很小的材料内阻尼,认为内阻尼与圆环振动频率成正比,这里取等效粘性阻尼系数为 $c_1=c_2=c_3=0.001\omega$。圆环在 $\theta=0$ 处固支,圆环发生面内振动,通过在 $\theta=\pi/15$ 处施加控制力矩抑制圆环最远端 $\theta=\pi$ 处的切向振动。

圆环控制系统的输入和输出矩阵可以分别表示为

$$\begin{cases} \boldsymbol{B} = [0,\ 0,\ \delta(\xi-\pi/15)/(J_zR),\ 0,\ 0,\ 0]^{\mathrm{T}} \\ \boldsymbol{C} = \left[\int_0^{2\pi}\delta(\theta-\pi)(\cdot)\mathrm{d}\theta,\ 0,\ 0,\ 0,\ 0,\ 0\right] \end{cases} \tag{6.3.30}$$

式中, $\boldsymbol{B}$ 和 $\boldsymbol{C}$ 均为有界矩阵算子。对于本例单输入单输出问题,输出和控制加权矩阵分别选为 $\boldsymbol{Q}_1=1\times10^4$ 和 $\boldsymbol{Q}_2=1$。

给定控制系统输入矩阵 $\boldsymbol{B}$ 和输出矩阵 $\boldsymbol{C}$,计算出系统传递函数矩阵 $\boldsymbol{G}$,进而由式 (6.3.6) 得到 $\boldsymbol{H}(\mathrm{i}\omega)$ 函数的值,结果如图 6.3.2 所示。为了比较阻尼大小对 $\boldsymbol{H}(\mathrm{i}\omega)$ 函数值的影响,在图 6.3.2 中亦给出了圆环具有常规大小阻尼 ($c_1=c_2=c_3=0.01\omega$) 时的 $\boldsymbol{H}(\mathrm{i}\omega)$ 计算结果。

从图 6.3.2 可以看出,对于常规大小阻尼的情形,当圆环振动频率 ω 大于 $250\mathrm{rad/s}$ 时, $\boldsymbol{H}(\mathrm{i}\omega)$ 函数值即非常小;对于阻尼非常小的情形,直到 ω 大于 $3000\mathrm{rad/s}$, $\boldsymbol{H}(\mathrm{i}\omega)$ 函数才衰减下去。结果表明,对于具有常规大小阻尼的结构,主动控制器设计只需包含结构较低的频带,而对于具有非常小阻尼的大型柔性空间结构,其主动控制器的设计需要包含结构很宽的频带。

采用 (Bennett and Yan, 1988) 中的谱分解算法对 $\boldsymbol{H}(\mathrm{i}\omega)$ 进行谱分解,继而得到谱因子 $\boldsymbol{F}(\mathrm{i}\omega)$。对于 $\boldsymbol{H}(\mathrm{i}\omega)$ 为标量函数的情形,该算法利用因果投影 (Causal Projection) 运算将谱因子 $\boldsymbol{F}(\mathrm{i}\omega)$ 表示为

$$\boldsymbol{F}(\mathrm{i}\omega) = \exp P_+\{\ln \boldsymbol{H}(\mathrm{i}\omega)\} \tag{6.3.31}$$

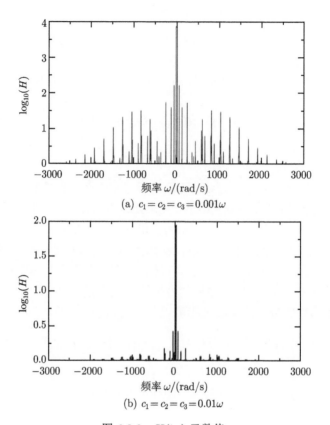

(a) $c_1 = c_2 = c_3 = 0.001\omega$

(b) $c_1 = c_2 = c_3 = 0.01\omega$

图 6.3.2　$H(\mathrm{i}\omega)$ 函数值

式中，P_+ 称为因果投影算子，满足

$$P_+ \left\{ I + \int_{-\infty}^{\infty} f(t)\mathrm{e}^{-\mathrm{i}\omega t}\mathrm{d}t \right\} \equiv I + \int_{0}^{\infty} f(t)\mathrm{e}^{-\mathrm{i}\omega t}\mathrm{d}t \tag{6.3.32}$$

利用 (Stenger, 1972) 提出的函数插值方法，将任意函数近似为

$$g(\omega) \approx g^{(a)}(\omega) = \sum_{j=-\infty}^{\infty} g\left((j+1/2)\Delta\omega\right)\chi_j(\omega) \tag{6.3.33}$$

式中，$\Delta\omega$ 为固定的采样间隔，$\chi_j(\omega)$ 为特征函数，由极点和留数表示为

$$\chi_j(\omega) = \sum_{m=-\infty}^{\infty} \left(\frac{r_m}{\omega - p_m^{(j)}} + \frac{\bar{r}_m}{\omega - \bar{p}_m^{(j)}} \right) \tag{6.3.34}$$

其中

$$r_m = -\frac{\pi\Delta\omega}{4\sqrt{k}K}q^m\alpha_m^2, \quad p_m^{(j)} = (j+\alpha_m)\Delta\omega \tag{6.3.35}$$

式中，k、K、q 和 α_m 为计算参数，满足 $\alpha_m = 1/(1 - \mathrm{i}q^m)$。

将因果投影运算近似表示为

$$P_+\{g(\omega)\} \approx \sum_{j=-\infty}^{\infty} g((j+1/2)\Delta\omega) \sum_{m=-\infty}^{\infty} \frac{\bar{r}_m}{\omega - \bar{p}_m^{(j)}} \tag{6.3.36}$$

最终得到标量函数的谱因子为

$$\boldsymbol{F}(\mathrm{i}\omega) = \exp\left\{ \sum_{j=-\infty}^{\infty} \ln \boldsymbol{H}((j+1/2)\mathrm{i}\Delta\omega) \sum_{m=-\infty}^{\infty} \frac{\bar{r}_m}{\omega - \bar{p}_m^{(j)}} \right\} \tag{6.3.37}$$

具体计算时可取 $q = 1/2$，对应的 $k = 0.999994$、$K = 7.11943$。当 m 取到 8 时便可获得式 (6.3.37) 中级数的收敛解。图 6.3.3 给出了谱因子倒数 $1/\boldsymbol{F}(\mathrm{i}\omega)$ 的幅值和相位角的图像。

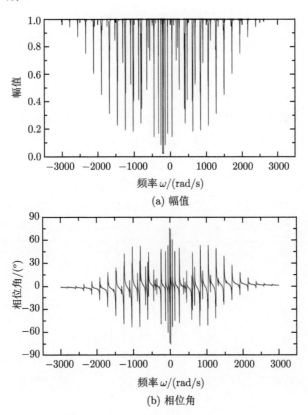

(a) 幅值

(b) 相位角

图 6.3.3 谱因子的倒数 $(1/\boldsymbol{F}(\mathrm{i}\omega))$

在获得谱因子 $\boldsymbol{F}(\mathrm{i}\omega)$ 后，由式 (6.3.23) 通过数值积分可以计算出圆环最优控制的增益函数 $\boldsymbol{K}_{\text{dis}}(\xi)$。由于式 (6.3.23) 理论上是在 $-\infty\sim+\infty$ 的频率范围内积

分，实际操作时可以在有限频段 $[-\omega_0, +\omega_0]$ 范围内近似计算，从而得到增益函数的收敛解。图 6.3.4 给出了状态量 v_1 和 η_1 的增益函数随积分带宽 ω_0 的变化情况。可以看出，当 $\omega_0 \geqslant 3000$ 时，增益函数收敛，这与图 6.3.2 中当 $\omega_0 \geqslant 3000$ 时，$\boldsymbol{H}(\mathrm{i}\omega)$ 函数值衰减下去是一致的。

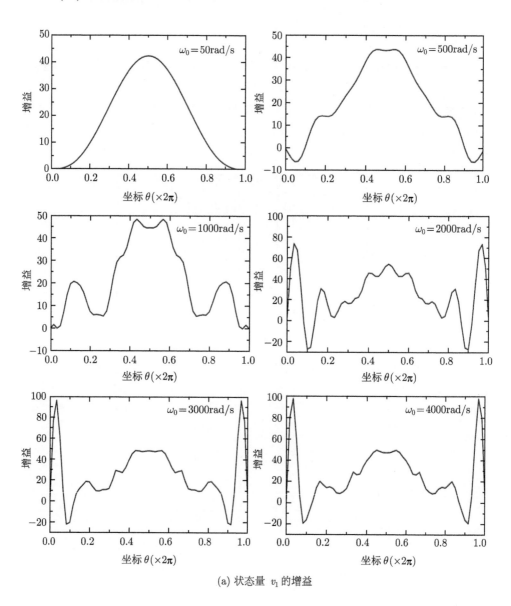

(a) 状态量 v_1 的增益

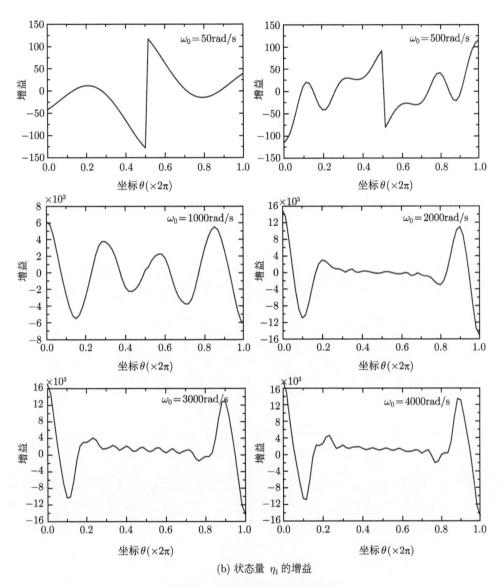

(b) 状态量 η_1 的增益

图 6.3.4　不同频段状态量的增益

　　这里可以通过比较最优控制谱因子与回差矩阵对上述数值积分得到的增益计算结果的正确性进行验证。

　　注意到, 线性二次型最优控制的一个基本特性是其谱因子等于由理想最优反馈增益得到的回差矩阵, 即

$$\boldsymbol{F}(\mathrm{i}\omega) = \boldsymbol{I} + \boldsymbol{K}\boldsymbol{R}(\mathrm{i}\omega\,;\boldsymbol{A})\boldsymbol{B} \tag{6.3.38}$$

根据圆环分布参数模型的增益函数 $\boldsymbol{K}_{\text{dis}}$，得到最优反馈系统的回差 (本例中为标量，记为 $\boldsymbol{F}_a$) 为

$$\boldsymbol{F}_a(\mathrm{i}\omega) = 1 + \int_0^{2\pi} \boldsymbol{K}_{\text{dis}}\boldsymbol{R}(\mathrm{i}\omega\,;\boldsymbol{A})\boldsymbol{B}\mathrm{d}\theta \tag{6.3.39}$$

为了与图 6.3.3 中的谱因子的倒数进行比较，图 6.3.5 给出了回差 $\boldsymbol{F}_a$ 的倒数的图像。可以发现，由反馈增益计算得到的回差与谱因子吻合很好，从而验证了上述反馈增益计算结果的正确性。

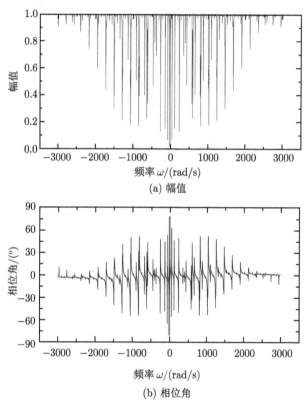

(a) 幅值

(b) 相位角

图 6.3.5　回差的倒数 $(1/\boldsymbol{F}_a(\mathrm{i}\omega))$

为检验本方法的控制效果，这里设圆环以单位初始模态速度做一阶 "摇摆" 振动。设计最优控制器，通过在 $\theta = \pi/15$ 处施加控制力矩来抑制圆环 $\theta = \pi$ 处的切向振动速度。

为揭示本方法对于降低控制溢出的有效性，在利用式 (6.3.23) 求解最优反馈增益时，我们取不同的频率带宽设计了两个控制器：一是取 $\omega_0 = 50$，得到仅针对圆环一阶模态的增益函数；一是取 $\omega_0 = 3000$，得到增益函数的收敛解。图 6.3.6

给出了圆环上 $\theta = \pi$ 处的点在未控和有控状态下的频域响应。可以看出，两个控制器都可以抑制圆环一阶模态的振动，但是采用 $\omega_0 = 50$ 得到的最优控制器会显著激起圆环的高阶模态，而采用 $\omega_0 = 3000$ 得到的最优控制器对高阶模态的激励非常小，说明采用本方法计算得到的分布参数系统最优反馈增益的收敛解可以有效降低控制对高阶模态的溢出。

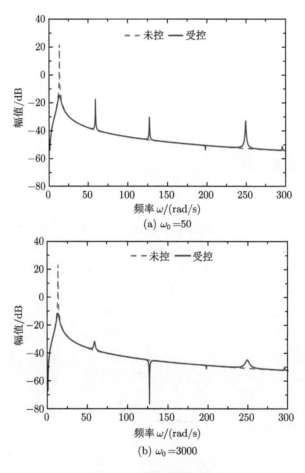

图 6.3.6 圆环频域响应

6.4 状态观测器设计

6.4.1 无穷维 Kalman 滤波器

分布参数系统线性二次型最优控制是建立在状态反馈基础之上，而结构全部状态通常无法直接获得。因此，对结构进行准确的状态估计成为最优控制的关键环节。对于大型空间结构这样的柔性结构，由于模态密集且阻尼很小，基于模态截断模型进行状态观测很容易导致观测溢出的问题。近年来，直接对结构偏微分方程 (PDE) 模型进行状态观测器设计得到了越来越多的关注。无穷维 Kalman 滤波方法是经典有限维 Kalman 滤波在分布参数系统中的推广，具有经典 Kalman 滤波器的各种优点。

考虑对柔性结构进行状态观测时，不可避免地存在干扰和观测噪声，将系统状态方程和输出方程写为

$$\frac{\partial \boldsymbol{x}(t, \boldsymbol{z})}{\partial t} = \boldsymbol{A}\boldsymbol{x}(t, \boldsymbol{z}) + \boldsymbol{B}\boldsymbol{u}(t) + \boldsymbol{B}_d \boldsymbol{w}(t) \tag{6.4.1a}$$

$$\boldsymbol{y}(t) = \boldsymbol{C}\boldsymbol{x}(t, \boldsymbol{z}) + \boldsymbol{v}(t) \tag{6.4.1b}$$

式中，$\boldsymbol{w}(t)$ 为系统干扰，$\boldsymbol{v}(t)$ 为观测噪声，$\boldsymbol{y}(t)$ 为系统输出，$\boldsymbol{B}_d$ 为干扰输入算子，$\boldsymbol{C}$ 为系统输出算子。

构建系统 (6.4.1) 的观测器模型为

$$\frac{\partial \hat{\boldsymbol{x}}(t, \boldsymbol{z})}{\partial t} = \boldsymbol{A}\hat{\boldsymbol{x}}(t, \boldsymbol{z}) + \boldsymbol{B}\boldsymbol{u}(t) + \boldsymbol{L}\left[\boldsymbol{y}(t) - \boldsymbol{C}\hat{\boldsymbol{x}}(t, \boldsymbol{z})\right] \tag{6.4.2}$$

式中，$\hat{\boldsymbol{x}}$ 为状态向量 $\boldsymbol{x}$ 的估计值，$\boldsymbol{L}$ 为状态观测器的反馈增益。在对系统进行状态估计时，系统初始状态通常未知，故可将观测器模型的初始状态设为零。

假设系统 (6.4.1) 中的干扰 $\boldsymbol{w}$ 和观测噪声 $\boldsymbol{v}$ 为互不相关的零均值 Gauss 白噪声且方差分别为 $\boldsymbol{Q}_d$ 和 $\boldsymbol{R}_n$，则可采用 Kalman 滤波理论设计系统的状态观测器。定义性能泛函

$$J = \lim_{t \to \infty} E(\|\boldsymbol{x} - \hat{\boldsymbol{x}}\|^2) \tag{6.4.3}$$

式中，运算符 $E(\cdot)$ 代表求数学期望值，$\|\cdot\|$ 是 Hilbert 空间 $\mathscr{H}$ 上的范数。对于一维分布参数系统，定义

$$\|\boldsymbol{x}\| = \sqrt{\int_{z_0}^{z_1} \boldsymbol{x}^{\mathrm{T}} \boldsymbol{x} \mathrm{d}z} \tag{6.4.4}$$

使性能泛函取值最小，可得无穷维 Kalman 滤波器的反馈增益为 (Zhang, 2016)

$$\boldsymbol{L} = \boldsymbol{P}\boldsymbol{C}^* \boldsymbol{R}_n^{-1} \tag{6.4.5}$$

式中，$\boldsymbol{C}^*$ 表示算子 $\boldsymbol{C}$ 的伴随算子，算子 $\boldsymbol{P}$ 满足如下 Riccati 方程

$$\boldsymbol{A}\boldsymbol{P} + \boldsymbol{P}\boldsymbol{A}^* - \boldsymbol{P}\boldsymbol{C}^* \boldsymbol{R}_n^{-1} \boldsymbol{C}\boldsymbol{P} + \boldsymbol{B}_d \boldsymbol{Q}_d \boldsymbol{B}_d^* = 0 \tag{6.4.6}$$

根据频域下基于谱分解方法的无穷维 Kalman 滤波器增益函数求解方法 (Davis, 1978)，有

$$L = \frac{1}{2\pi} \int_{-\infty}^{\infty} R(\mathrm{i}\omega; A) B_d Q_d G_d^*(\mathrm{i}\omega) [F^-(\omega)]^{-1} \mathrm{d}\omega \cdot R_n^{-1} \tag{6.4.7}$$

式中，$R(\mathrm{i}\omega; A)$ 为算子矩阵 A 的预解算子，而

$$G_d(\mathrm{i}\omega) = C R(\mathrm{i}\omega; A) B_d \tag{6.4.8}$$

是从扰动到输出的传递函数矩阵。$F^-(\omega)$ 称为谱因子，由下列谱分解方法得到

$$H(\mathrm{i}\omega) = R_n + G_d(\mathrm{i}\omega) Q_d G_d^*(\mathrm{i}\omega) = F^+(\omega) R_n F^-(\omega) \tag{6.4.9}$$

式中，$H(\mathrm{i}\omega)$ 称为**观测功率谱密度**。

6.4.2 算例

为验证上述观测器设计方法的正确性，这里以一个半径 $R = 3$m、圆心角 $\theta_0 = 2\pi/3$ 的悬臂曲梁为例进行状态估计，如图 6.4.1 所示。曲梁刚度参数 $EA = 1.0 \times 10^5$N、$kGA = 1.0 \times 10^4$N、$EI = 5.0 \times 10^3$N·m²，单位长度质量和截面转动惯量为 $\rho A = 0.5$kg/m、$J = 0.01$kg·m。考虑曲梁具有微弱内阻尼，各阶模态阻尼比均为 $\xi = 0.001$，则曲梁等效粘性阻尼系数为 $c_1 = c_2 = 2\rho A\omega\xi$、$c_3 = 2J\omega\xi$、这里 ω 为曲梁的振动频率。设曲梁自由端作用有沿径向之扰动力，观测曲梁自由端的切向速度，扰动和噪声方差分别设为 $Q_d = 1$ 和 $R_n = 0.001$。

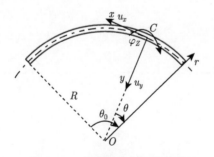

图 6.4.1 曲梁模型及其坐标系

曲梁的运动方程与 6.3 节圆环之面内振动方程 (6.3.5) 相同。考虑曲梁一端固支、一端自由情形，边界条件为

$$u_x(t, 0) = u_y(t, 0) = \varphi_z(t, 0) = 0 \tag{6.4.10}$$

$$N(t, \theta_0) = Q(t, \theta_0) = M(t, \theta_0) = 0 \tag{6.4.11}$$

式中，N、Q 和 M 分别为曲梁横截面上的轴力、剪力和弯矩。

首先，由式 (6.4.8) 计算得到曲梁由边界扰动到输出的传递函数 G_d(这里为一标量函数)。为验证其准确性，采用有限元方法计算曲梁之模态，再利用模态叠加法求解该传递函数，结果如图 6.4.2 所示。可以看出，采用 PDE 模型与有限元模型计算得到的传递函数十分吻合，验证了曲梁 PDE 模型和传递函数计算的正确性。

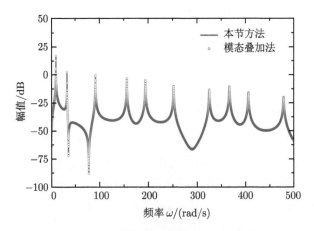

图 6.4.2　曲梁由扰动到输出的传递函数

将传递函数 G_d 代入式 (6.4.9) 得到系统观测功率谱密度 $H(\mathrm{i}\omega)$，如图 6.4.3 所示。可以看出，随曲梁固有振动频率 ω 增大，$H(\mathrm{i}\omega)$ 值逐渐减小。当 ω 达到 3000rad/s 时，$H(\mathrm{i}\omega)$ 接近于零。分析可知，观测功率谱密度随频率增大而衰减源于系统存在一定阻尼。

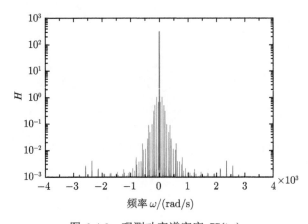

图 6.4.3　观测功率谱密度 $H(\mathrm{i}\omega)$

采用谱分解算法对 $\boldsymbol{H}(\mathrm{i}\omega)$ 进行谱分解，可得到谱因子 $\boldsymbol{F}^-(\omega)$，再利用式 (6.4.7) 进行数值积分便可计算出曲梁无穷维 Kalman 滤波器的增益函数。注意到，式 (6.4.7) 中积分区间是从 $-\infty$ 到 $+\infty$，实际计算时，由于阻尼作用，被积函数随频率增大而衰减，故在数值积分时取一个足够大的有限频率区间 $[-\omega_0 \quad \omega_0]$ 便可得到增益函数的收敛解。图 6.4.4 给出了 ω_0 取不同值时得到的状态变量 v_1 和 η_1 的增益函数。可以看出，当 ω_0 达到 3000rad/s 时，增益函数趋于收敛。因此，将 $\omega_0 = 3000\mathrm{rad/s}$ 时计算得到的增益函数值作为曲梁无穷维 Kalman 滤波器增益函数的收敛解。

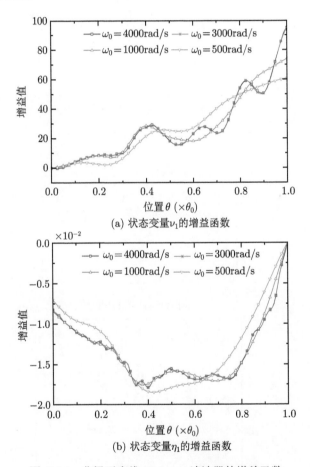

(a) 状态变量 v_1 的增益函数

(b) 状态变量 η_1 的增益函数

图 6.4.4 曲梁无穷维 Kalman 滤波器的增益函数

为了验证观测器的效果，这里设曲梁初始状态为第一阶模态具有单位模态速度，自由端受到沿径向之简谐力 $Q_y = 2\sin(2\pi \cdot 5t)$ 和随机扰动 $\boldsymbol{w}(t)$ 的共同作用，采用有限差分法求曲梁状态方程 (6.4.1a)，获得真实的动态响应。由于曲梁等效粘性阻尼系数频变, 在时域方程中难以求解, 考虑到该阻尼系数很小, 故在求解动力响应时忽略阻尼项。根据 (6.4.1b), 计算得到的曲梁输出响应如图 6.4.5 所示。将曲梁输出 $y(t)$ 代入观测器式 (6.4.2), 便可实现对曲梁的状态估计。图 6.4.6 给

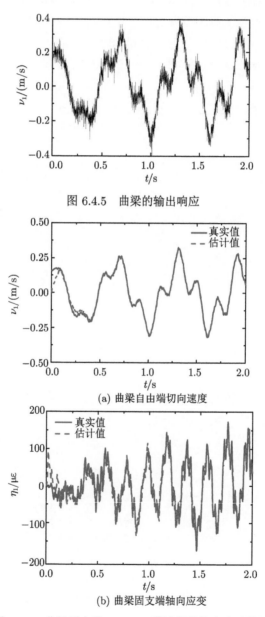

图 6.4.5 曲梁的输出响应

(a) 曲梁自由端切向速度

(b) 曲梁固支端轴向应变

图 6.4.6 曲梁无穷维 Kalman 滤波器的状态估计效果

出了曲梁自由端切向速度和固支端轴向应变的估计结果。可以看出，从 0.5s 开始，估计值和真实值吻合很好，表明无穷维 Kalman 滤波器具有良好的状态观测效果。

为说明基于 PDE 模型的无穷维 Kalman 滤波器在防止观测溢出方面的效果，这里设曲梁初始状态为前五阶模态均具有单位模态速度，不考虑输入干扰和观测噪声，分别取 $\omega_0 = 175\text{rad/s}$(仅含曲梁前四阶模态所在频段) 和 $\omega_0 = 3000\text{rad/s}$ 设计两种 Kalman 滤波器，其中 $\omega_0 = 175\text{rad/s}$ 得到的滤波器相当于前四阶模态截断模型得到的有限维滤波器，$\omega_0 = 3000\text{rad/s}$ 得到的滤波器是 PDE 模型收敛的无穷维滤波器。图 6.4.7 给出了这两种滤波器得到的曲梁自由端切向速度的估计结果。

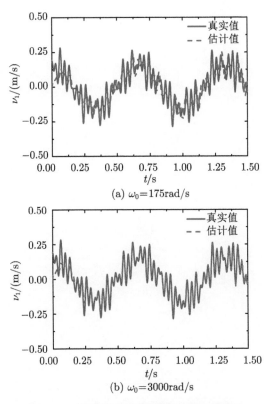

图 6.4.7 曲梁前五阶模态振动的状态估计

从图 6.4.7 可以看出，采用无穷维滤波器进行状态估计时，无观测溢出产生；采用模态截断得到的滤波器进行状态估计时，则产生了明显的观测溢出现象。值得指出的是，这里以曲梁前五阶模态振动为例，揭示了无穷维 Kalman 滤波器在防止观测溢出方面的作用。实际上，不论曲梁发生多少阶模态的振动，采用无穷维 Kalman 滤波器进行状态观测均不会产生观测溢出问题。

　　本章首先介绍了在频域下采用谱分解方法设计分布参数系统线性二次型最优控制器和无穷维 Kalman 滤波器的方法，然后以一个具有弱阻尼的圆环结构面内振动为例，利用偏微分运动方程设计了线性二次型最优控制器，揭示了该方法在降低控制器溢出方面的有效性。

第 7 章　空间结构与控制力矩陀螺耦合问题

大型空间结构采用分布式控制，需要控制力矩陀螺作为执行机构，结构振动导致执行机构动量矩方向改变，从而产生一反作用力矩作用于变形结构上，相当于给结构作用一时变的力矩约束，这里称之为**变形耦合约束**。

通过控制力矩陀螺柔性体结构动力学建模和基于模态叠加法的收敛性分析，提出了原始模态和关键原始模态的概念。指出在这类变形耦合结构的模态叠加建模中，由于变形耦合效应，结构真实的固有特性发生改变，在使用原始模态进行建模时必须计入关键模态，否则导致错误结果。最后，给出了有限元陀螺柔性体结构动力学建模思路，证明了全模态叠加和有限元动力学建模的等价性。

7.1　柔性结构动力学离散建模

以控制力矩陀螺作为执行机构为例，阐明执行机构与结构变形之间的耦合问题，如图 7.1.1 所示。建立 x 轴指向框架转动方向、y 轴指向转子转动方向、z 轴满足右手定则的直角坐标系。ω_g 表示框架转动角速度，为控制力矩陀螺的控制项；ω_r 表示转子转动角速度。对于控制力矩陀螺而言，不管是单框架控制力矩陀螺还是双框架控制力矩陀螺，转子转动角速度 ω_r 恒定。若转子转速可控，称之为变速控制力矩陀螺。

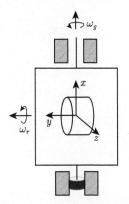

图 7.1.1　执行机构力学模型

如图 7.1.2 所示，建立固定于地球的惯性坐标系 $O\text{-}XYZ$ 和第 i 个执行机构框架和转子质心的坐标系 $O_i - x_i y_i z_i$，这里 x_i 和 y_i 分别沿框架转轴和转子转轴方向，转子转速恒定。

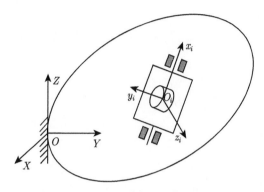

图 7.1.2   变形耦合结构示意图

当柔性结构发生弹性范围内的小变形时，设结构质量微元 $\mathrm{d}m$ 在惯性系下的位移 $\boldsymbol{u}_m$ 和转角 $\boldsymbol{\theta}_m$ 亦为小量。采用模态展开法，有

$$\boldsymbol{u}_m = \boldsymbol{\Phi}_m \boldsymbol{q}(t), \quad \boldsymbol{\theta}_m = \boldsymbol{R}_m \boldsymbol{q}(t) \tag{7.1.1}$$

式中，$\boldsymbol{\Phi}_m \in \mathrm{R}^{3 \times N}$ 和 $\boldsymbol{R}_m \in \mathrm{R}^{3 \times N}$ 分别表示微元平动和转动模态向量，$\boldsymbol{q}(t) \in \mathrm{R}^{N \times 1}$ 表示结构模态坐标，N 为模态截断数。

基于 Kane 方法，含 n 个分布式执行机构的陀螺柔性体结构动力学方程为

$$\left[\boldsymbol{M} + \sum_{i=1}^{n} (m_i \boldsymbol{\Phi}_i^{\mathrm{T}} \boldsymbol{\Phi}_i + \boldsymbol{R}_i^{\mathrm{T}} \boldsymbol{J}_{\mathrm{gri}}^{O} \boldsymbol{R}_i) \right] \ddot{\boldsymbol{q}}(t) + \boldsymbol{G} \dot{\boldsymbol{q}}(t) + \boldsymbol{K} \boldsymbol{q}(t) = \boldsymbol{B} \dot{\boldsymbol{\alpha}} \tag{7.1.2}$$

式中，$\boldsymbol{M}$ 为模态质量矩阵，m_i 为第 i 个控制力矩陀螺的质量，$\boldsymbol{J}_{\mathrm{gri}}^{O}$ 为惯性系下第 i 个执行机构框架的惯量矩阵；$\boldsymbol{G} = \sum_{i=1}^{n} (-\boldsymbol{R}_i^{\mathrm{T}} \tilde{\boldsymbol{h}}_i^{O} \boldsymbol{R}_i)$ 为反对称矩阵，称为变形耦合项，描述结构变形致执行机构角动量方向改变而产生的作用于结构的反作用力矩，这里 $\tilde{\boldsymbol{h}}_i^{O}$ 为第 i 个执行机构初始角动量 $\boldsymbol{h}_i$ 在惯性系下的反对称矩阵；$\boldsymbol{B} = [-\boldsymbol{R}_1^{\mathrm{T}} \boldsymbol{z}_1^{O} h_1, -\boldsymbol{R}_2^{\mathrm{T}} \boldsymbol{z}_2^{O} h_2, \cdots, -\boldsymbol{R}_n^{\mathrm{T}} \boldsymbol{z}_n^{O} h_n]$ 为控制输入矩阵，$\boldsymbol{z}_i^{O} = \boldsymbol{x}_i^{O} \times \boldsymbol{y}_i^{O}$ 表示初始框架坐标系 z_i 轴在惯性系下的投影矩阵；$\dot{\boldsymbol{\alpha}} = \{\dot{\alpha}_1, \dot{\alpha}_2, \cdots, \dot{\alpha}_n\}^{\mathrm{T}}$ 为执行机构框架的角速度，$\boldsymbol{B} \dot{\boldsymbol{\alpha}}$ 描述了框架角变化产生的反作用力矩。

为获取柔性结构的平动和转动模态向量，需先对柔性体进行有限元建模。设柔性结构的有限元动力学模型为

$$\boldsymbol{M}_e \ddot{\boldsymbol{u}}(t) + \boldsymbol{K}_e \boldsymbol{u}(t) = 0 \tag{7.1.3}$$

式中，M_e 和 K_e 分别为结构的质量矩阵和刚度矩阵，$u(t)$ 表示结构的节点位移向量。记相应于式 (7.1.3) 的特征值矩阵为 $\boldsymbol{\Lambda} = \mathrm{diag}([\lambda_1, \cdots, \lambda_j, \cdots, \lambda_p])$、对应于特征值 λ_j 的特征向量为 $\boldsymbol{\eta}_j$，截断模态阶数 $N \leqslant p$。作坐标变换

$$u(t) = T_N q(t), \quad T_N = [\boldsymbol{\eta}_1, \boldsymbol{\eta}_2, \cdots, \boldsymbol{\eta}_N]^{\mathrm{T}} \tag{7.1.4}$$

对比方程 (7.1.1)，有

$$u_1 = T_N(1{:}3,\ 1{:}N)q(t), \quad \boldsymbol{\theta}_1 = T_N(4{:}6,\ 1{:}N)q(t) \tag{7.1.5}$$

可见

$$T_N(1{:}3,\ 1{:}N) = \boldsymbol{\Phi}_1, \quad T_N(4{:}6,\ 1{:}N) = R_1 \tag{7.1.6}$$

一般有

$$T_N = [\boldsymbol{\Phi}_1^{\mathrm{T}}, R_1^{\mathrm{T}}, \cdots, \boldsymbol{\Phi}_j^{\mathrm{T}}, R_j^{\mathrm{T}}, \cdots, \boldsymbol{\Phi}_N^{\mathrm{T}}, R_N^{\mathrm{T}}]^{\mathrm{T}} \tag{7.1.7}$$

7.2 变形耦合结构动力学建模

7.2.1 柔性单元执行机构动力学模型

上述模态叠加过程建立于柔性结构有限元离散基础之上，需要先对柔性结构进行有限元建模，在获得模态信息之后再采用模态叠加法进行分布式执行机构——柔性结构的动力学耦合建模。不妨基于有限元离散思想，这里将执行机构直接纳入结构的离散过程中，从而建立起整个结构系统的动力学模型。

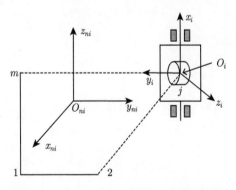

图 7.2.1 第 n_i 单元坐标系及其执行机构

为计算方便，将执行机构所在位置划分为节点。不失一般性，设第 i 个执行机构的质心 O_i 位于柔性结构的第 n_i 个单元的 j 节点上 $(1 \leqslant j \leqslant k)$，并建立单元坐标系 $O_{ni}\text{-}x_{ni}y_{ni}z_{ni}$，如图 7.2.1 所示。

　　单元坐标系取决于单元类型，执行机构坐标系取决于初始安装构型。通常，这两个坐标系不重合，只有当初始安装构型与单元坐标系同位时两个坐标系才重合。根据有限元理论，柔性结构单元的动能和变形能分别为

$$T^e = \frac{1}{2}\dot{\boldsymbol{\delta}}^e(t)^{\mathrm{T}} \boldsymbol{M}^e \dot{\boldsymbol{\delta}}^e(t), \quad U^e = \frac{1}{2}\boldsymbol{\delta}^e(t)^{\mathrm{T}} \boldsymbol{K}^e \boldsymbol{\delta}^e(t) \tag{7.2.1}$$

式中，$\boldsymbol{M}^e$ 和 $\boldsymbol{K}^e$ 分别为单元的质量矩阵和刚度矩阵，$\boldsymbol{\delta}^e(t) = \{\boldsymbol{\delta}_1^{\mathrm{T}}, \cdots, \boldsymbol{\delta}_j^{\mathrm{T}}, \cdots, \boldsymbol{\delta}_k^{\mathrm{T}}\}^{\mathrm{T}}$ 为单元的节点的位移列阵，包括了该单元内所有节点的自由度。因第 i 个执行机构框架和转子质心 O_i 与单元 j 节点重合，故执行机构质心的速度可用单元 j 节点的速度来表示，即 $\dot{\boldsymbol{u}}_i = \dot{\boldsymbol{u}}_j = \{\dot{u}_{jx}, \dot{u}_{jy}, \dot{u}_{jz}\}^{\mathrm{T}}$。

　　框架及转子绕其质心的角速度组成：框架角速度含单元 j 节点的角速度和框架绕自旋轴的转动角速度，转子角速度含单元 j 节点的角速度、框架转动角速度及转子绕自旋轴转动的角速度。将所有角速度矢量表示在 $O_i\text{-}x_iy_iz_i$，则框架和转子的角速度为

$$\begin{cases} \boldsymbol{\omega}_{gi}^i = \boldsymbol{T}(-\alpha_i\boldsymbol{x}_{i0})\boldsymbol{T}(-\boldsymbol{\theta}_j)\dot{\boldsymbol{\theta}}_j + \dot{\alpha}_i\boldsymbol{x}_{i0} \\ \boldsymbol{\omega}_{ri} = \boldsymbol{T}(-\alpha_i\boldsymbol{x}_{i0})\boldsymbol{T}(-\boldsymbol{\theta}_j)\dot{\boldsymbol{\theta}}_j + \dot{\alpha}_i\boldsymbol{x}_{i0} + \dot{\beta}_i\boldsymbol{y}_{i0} \end{cases} \tag{7.2.2}$$

式中，$\boldsymbol{\theta}_j$ 和 $\dot{\boldsymbol{\theta}}_j$ 分别表示 j 节点处微元变形的角度和角速度，$\dot{\alpha}_i$ 和 $\dot{\beta}_i$ 分别表示第 i 个执行机构框架和转子的角速度，$\boldsymbol{x}_{i0}$ 和 $\boldsymbol{y}_{i0}$ 为初始状态下 x_i 和 y_i 轴在 $O_i\text{-}x_iy_iz_i$ 中投影列阵，即 $\boldsymbol{x}_{i0} = \{1,0,0\}^{\mathrm{T}}$ 和 $\boldsymbol{y}_{i0} = \{0,1,0\}^{\mathrm{T}}$。在小变形情况下，对任意矢量 $\boldsymbol{x}$，有

$$\boldsymbol{T}(\boldsymbol{\theta})\boldsymbol{x} = \boldsymbol{\theta} \times \boldsymbol{x} + \boldsymbol{x} \tag{7.2.3}$$

　　第 i 个执行机构的动能为

$$T^g = \frac{1}{2}m_i\dot{\boldsymbol{u}}_i^{\mathrm{T}}\dot{\boldsymbol{u}}_i + \frac{1}{2}\boldsymbol{\omega}_{gi}^{i\mathrm{T}}\boldsymbol{J}_{gi}^i\boldsymbol{\omega}_{gi}^i + \frac{1}{2}\boldsymbol{\omega}_{ri}^{i\mathrm{T}}\boldsymbol{J}_{ri}^i\boldsymbol{\omega}_{ri}^i \tag{7.2.4}$$

式中，$\boldsymbol{J}_{gi}^i$ 和 $\boldsymbol{J}_{ri}^i$ 分别为框架和转子相对于坐标系 $O_i\text{-}x_iy_iz_i$ 的主惯量矩阵。将式 (7.2.2) 代入式 (7.2.4)，得

$$T^g = \frac{1}{2}m_i\dot{\boldsymbol{u}}_j^{\mathrm{T}}\dot{\boldsymbol{u}}_j + \frac{1}{2}\left\{\begin{matrix} \boldsymbol{T}(-\alpha_i\boldsymbol{x}_{i0})\boldsymbol{T}(-\boldsymbol{\theta}_j)\dot{\boldsymbol{\theta}}_j \\ +\dot{\alpha}_i\boldsymbol{x}_{i0} \end{matrix}\right\}^{\mathrm{T}}\boldsymbol{J}_{gi}^i\left\{\begin{matrix} \boldsymbol{T}(-\alpha_i\boldsymbol{x}_{i0})\boldsymbol{T}(-\boldsymbol{\theta}_j)\dot{\boldsymbol{\theta}}_j \\ +\dot{\alpha}_i\boldsymbol{x}_{i0} \end{matrix}\right\}$$

$$+ \frac{1}{2}\left\{\begin{matrix} \boldsymbol{T}(-\alpha_i\boldsymbol{x}_{i0})\boldsymbol{T}(-\boldsymbol{\theta}_j)\dot{\boldsymbol{\theta}}_j \\ +\dot{\alpha}_i\boldsymbol{x}_{i0} + \dot{\beta}_i\boldsymbol{y}_{i0} \end{matrix}\right\}^{\mathrm{T}}\boldsymbol{J}_{ri}^i\left\{\begin{matrix} \boldsymbol{T}(-\alpha_i\boldsymbol{x}_{i0})\boldsymbol{T}(-\boldsymbol{\theta}_j)\dot{\boldsymbol{\theta}}_j \\ +\dot{\alpha}_i\boldsymbol{x}_{i0} + \dot{\beta}_i\boldsymbol{y}_{i0} \end{matrix}\right\} \tag{7.2.5}$$

将式 (7.2.3) 代入式 (7.2.5)，则

$$T^g = \frac{1}{2} m_i \dot{\boldsymbol{u}}_j^{\mathrm{T}} \dot{\boldsymbol{u}}_j$$

$$+ \frac{1}{2} \left\{ \begin{array}{l} (-\alpha_i \tilde{\boldsymbol{x}}_{i0} + \mathbf{I})(-\boldsymbol{\theta}_j \times \dot{\boldsymbol{\theta}}_j + \dot{\boldsymbol{\theta}}_j) \\ + \dot{\alpha}_i \boldsymbol{x}_{i0} \end{array} \right\}^{\mathrm{T}} \boldsymbol{J}_{gi}^i \left\{ \begin{array}{l} (-\alpha_i \tilde{\boldsymbol{x}}_{i0} + \mathbf{I})(-\boldsymbol{\theta}_j \times \dot{\boldsymbol{\theta}}_j + \dot{\boldsymbol{\theta}}_j) \\ + \dot{\alpha}_i \boldsymbol{x}_{i0} \end{array} \right\}$$

$$+ \frac{1}{2} \left\{ \begin{array}{l} (-\alpha_i \tilde{\boldsymbol{x}}_{i0} + \mathbf{I})(-\boldsymbol{\theta}_j \times \dot{\boldsymbol{\theta}}_j + \dot{\boldsymbol{\theta}}_j) \\ + \dot{\alpha}_i \boldsymbol{x}_{i0} + \dot{\beta}_i \boldsymbol{y}_{i0} \end{array} \right\}^{\mathrm{T}} \boldsymbol{J}_{ri}^i \left\{ \begin{array}{l} (-\alpha_i \tilde{\boldsymbol{x}}_{i0} + \mathbf{I})(-\boldsymbol{\theta}_j \times \dot{\boldsymbol{\theta}}_j + \dot{\boldsymbol{\theta}}_j) \\ + \dot{\alpha}_i \boldsymbol{x}_{i0} + \dot{\beta}_i \boldsymbol{y}_{i0} \end{array} \right\}$$

$$\tag{7.2.6}$$

式中, $\tilde{\boldsymbol{x}}_{i0}$ 为 $\boldsymbol{x}_{i0}$ 的反对称矩阵。当框架角速度改变缓慢且转子转速恒定时, 忽略高阶小量, Lagrange 方程为

$$\frac{\mathrm{d}}{\mathrm{d}t} \frac{\partial T^g}{\partial \dot{\boldsymbol{u}}_j} - \frac{\partial T^g}{\partial \boldsymbol{u}_j} = m_i \ddot{\boldsymbol{u}}_j \tag{7.2.7}$$

$$\frac{\mathrm{d}}{\mathrm{d}t} \frac{\partial T^g}{\partial \dot{\boldsymbol{\theta}}_j} - \frac{\partial T^g}{\partial \boldsymbol{\theta}_j} = \boldsymbol{J}_{\mathrm{gri}}^i \ddot{\boldsymbol{\theta}}_j + \boldsymbol{J}_{\mathrm{gri}}^i \boldsymbol{x}_{i0} \ddot{\alpha}_i - \tilde{\boldsymbol{h}}_i^i \dot{\boldsymbol{\theta}}_j + h_i \dot{\alpha}_i \boldsymbol{z}_i^{ni} \tag{7.2.8}$$

式中, $\boldsymbol{J}_{\mathrm{gri}}^i \boldsymbol{x}_{i0} \ddot{\alpha}_i$ 为框架角加速度引起的惯性力, 因框架相对于转子的惯量较小且框架角及角速度为小量, 故该项作为高阶小量略去。写成单元自由度形式, 有

$$\frac{\mathrm{d}}{\mathrm{d}t} \frac{\partial T^g}{\partial \dot{\boldsymbol{\delta}}^e(t)} - \frac{\partial T^g}{\partial \boldsymbol{\delta}^e(t)} = \boldsymbol{M}^g \ddot{\boldsymbol{\delta}}^e(t) + \boldsymbol{C}^g \dot{\boldsymbol{\delta}}^e(t) - \boldsymbol{D}^g \tag{7.2.9}$$

式中, $\boldsymbol{M}^g$ 为稀疏对称矩阵, $\boldsymbol{C}^g$ 为稀疏反对称矩阵, $\boldsymbol{D}^g$ 为稀疏列向量, 分别为

$$\boldsymbol{M}^g = \begin{bmatrix} \mathbf{0} & \cdots & & \cdots & & \cdots \\ \vdots & & & & & \\ \mathbf{0} & \cdots & \begin{bmatrix} m_i \mathbf{I} & \mathbf{0} \\ \mathbf{0} & \boldsymbol{J}_{\mathrm{gri}}^i \end{bmatrix} & \cdots & \\ \vdots & & & & & \\ \mathbf{0} & \cdots & & \cdots & & \cdots \end{bmatrix}, \quad \boldsymbol{C}^g = - \begin{bmatrix} \mathbf{0} & \cdots & & \cdots & & \cdots \\ \vdots & & & & & \\ \mathbf{0} & \cdots & \begin{bmatrix} \mathbf{0} & \mathbf{0} \\ \mathbf{0} & \tilde{\boldsymbol{h}}_i^i \end{bmatrix} & \cdots & \\ \vdots & & & & & \\ \mathbf{0} & \cdots & & \cdots & & \cdots \end{bmatrix},$$

$$\boldsymbol{D}^g = - \left\{ \begin{array}{c} \mathbf{0} \\ \vdots \\ \mathbf{0} \\ \begin{bmatrix} h_i \dot{\alpha}_i \boldsymbol{z}_i^{ni} \end{bmatrix} \\ \vdots \\ \mathbf{0} \end{array} \right\} \tag{7.2.10}$$

式中，$J_{\mathrm{gri}}^{i} = J_{gi}^{i} + J_{ri}^{i}$ 为框架和转子的主惯量矩阵，$h_i = \dot{\beta}_i J_{ri}$ 为初始转子的角动量，J_{ri} 为转子对自身转轴的转动惯量；$h_i^i = h_i y_i^{ni}$ 为初始转子角动量在单元坐标系下的投影列阵，取决于初始执行机构安装构型；y_i^{ni} 表示 y_i 轴在单元坐标系 $O_{ni}\text{-}x_{ni}y_{ni}z_{ni}$ 下的投影列阵，$\hat{h}_i^i$ 为 h_i^i 生成的反对称矩阵，z_i^{ni} 表示初始框架坐标系 z_i 轴在单元坐标系 $O_{ni}\text{-}x_{ni}y_{ni}z_{ni}$ 下的投影列阵。

因此，执行机构–柔性单元结构的动力学方程为

$$(M^e + M^g)\ddot{\boldsymbol{\delta}}^e(t) + C^g\dot{\boldsymbol{\delta}}^e(t) + K^e\boldsymbol{\delta}^e(t) = D^g \tag{7.2.11}$$

组合上述各单元的 Lagrange 函数，得到固支约束条件下的陀螺柔性体结构的总体动力学方程

$$M_g\ddot{\boldsymbol{u}}(t) + G_g\dot{\boldsymbol{u}}(t) + K_g\boldsymbol{u}(t) = D_g \tag{7.2.12}$$

式中，$M_g = \sum(M^e + M^g)$、$G_g = \sum C^g$、$K_g = \sum K^e$、$D_g = \sum D^g$ 分别为结构的质量矩阵、变形耦合矩阵、刚度矩阵和框架输入矩阵。注意到，在单元矩阵组装总体矩阵时，单元矩阵要根据对应单元对于惯性坐标系 $O\text{-}XYZ$ 的坐标变换矩阵进行相应变换。在惯性坐标系下，将式 (7.2.10) 中 J_{gri}^i、$\hat{h}_i^i$ 和 z_i^{ni} 记为 J_{gri}^O、$\tilde{h}_i^O$ 和 z_i^O。

7.2.2　三维变形耦合结构单元

下面以三维梁单元为例，具体描述动力学建模过程。三维变形耦合结构单元有 2 个节点，每个节点有 6 个自由度，如图 7.2.2 所示。

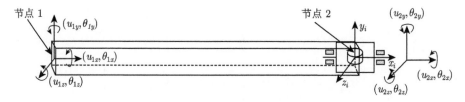

图 7.2.2　三维变形耦合结构单元

记单元自由度列阵 $\boldsymbol{u} = \{u_{1x}, u_{1y}, u_{1z}, \theta_{1x}, \theta_{1y}, \theta_{1z}, u_{2x}, u_{2y}, u_{3z}, \theta_{2x}, \theta_{2y}, \theta_{2z}\}^{\mathrm{T}}$，第 i 个执行机构位于第二个节点，其初始构型与单元坐标系重合。执行机构总质量 $m = 1\mathrm{kg}$、转子角动量 $h = 10\mathrm{N\cdot m\cdot s}$、初始沿 y 轴方向；转子主惯量矩阵 J_{ri} 为 $\mathrm{diag}([4,8,4])\times 10^{-3}\mathrm{kg\cdot m^2}$，不计框架转动惯量，有

$$J_{\mathrm{gri}} = \begin{bmatrix} 4 & 0 & 0 \\ 0 & 8 & 0 \\ 0 & 0 & 4 \end{bmatrix} \times 10^{-3}, \quad h_i = \left\{ \begin{matrix} 0 \\ 10 \\ 0 \end{matrix} \right\}, \quad z_i = \left\{ \begin{matrix} 0 \\ 0 \\ 1 \end{matrix} \right\} \tag{7.2.13}$$

根据式 (7.2.10)，该构型下的三维变形耦合结构梁单元矩阵分别为

$$
\mathbf{M}^g = \begin{bmatrix}
0 & & & & & & & \\
\vdots & \ddots & & & & & \text{对称} & \\
0 & \cdots & 1 & & & & & \\
0 & \cdots & 0 & 1 & & & & \\
0 & \cdots & 0 & 0 & 1 & & & \\
0 & \cdots & 0 & 0 & 0 & 4 \times 10^{-3} & & \\
0 & \cdots & 0 & 0 & 0 & 0 & 8 \times 10^{-3} & \\
0 & \cdots & 0 & 0 & 0 & 0 & 0 & 4 \times 10^{-3}
\end{bmatrix}_{12 \times 12}
\tag{7.2.14}
$$

$$
\mathbf{C}^g = -\begin{bmatrix}
0 & \cdots & 0 & 0 & 0 & 0 \\
\vdots & & \vdots & \vdots & \vdots & \vdots \\
0 & \cdots & 0 & 0 & 0 & 0 \\
0 & \cdots & 0 & 0 & 0 & 10 \\
0 & \cdots & 0 & 0 & 0 & 0 \\
0 & \cdots & 0 & -0 & 0 & 0
\end{bmatrix}_{12 \times 12}
\tag{7.2.15}
$$

$$
\mathbf{D}^g = -\{0, \cdots, 0, \ 10\}_{12 \times 1}^{\mathrm{T}} \cdot \dot{\boldsymbol{\alpha}}_i
\tag{7.2.16}
$$

借助上述矩阵及 2 节点 12 自由度三维梁单元的质量矩阵 $\mathbf{M}^e$ 和刚度矩阵 $\mathbf{K}^e$，可得变形耦合结构的所有单元矩阵，进而通过组装获得任意三维变形耦合结构的总体动力学方程。

上述模态叠加法和有限元离散建模均建立在有限元基础上，本质上两种建模过程等价，即模态叠加法建立的动力学方程 (7.1.2) 可以通过对方程 (7.2.12) 作坐标变换得到。取式 (7.1.4) 所示坐标变换代入方程 (7.2.12) 并左乘 $\boldsymbol{T}_N^{\mathrm{T}}$，得

$$
\boldsymbol{T}_N^{\mathrm{T}} \boldsymbol{M}_g \boldsymbol{T}_N \ddot{\boldsymbol{q}}(t) + \boldsymbol{T}_N^{\mathrm{T}} \boldsymbol{G}_g \boldsymbol{T}_N \dot{\boldsymbol{q}}(t) + \boldsymbol{T}_N^{\mathrm{T}} \boldsymbol{K}_g \boldsymbol{T}_N \boldsymbol{q}(t) = \boldsymbol{T}_N^{\mathrm{T}} \boldsymbol{D}_g
\tag{7.2.17}
$$

注意到 $\boldsymbol{M}_g = \sum[\boldsymbol{M}^e + \boldsymbol{M}^g]$，将其代入 $\boldsymbol{T}_N^{\mathrm{T}} \boldsymbol{M}_g \boldsymbol{T}_N$ 中，得到模态质量矩阵 $\boldsymbol{T}_N^{\mathrm{T}} \sum \boldsymbol{M}^e \boldsymbol{T}_N = \boldsymbol{M}$。对于由第 i 个执行机构产生的 $\boldsymbol{M}_g$，其仅在节点 O_i 的位移、转角自由度处有元素。根据式 (7.2.10)，在惯性系下，表达式为 $\boldsymbol{T}_N^{\mathrm{T}} \boldsymbol{M}^g \boldsymbol{T}_N = m_i \boldsymbol{\Phi}_i^{\mathrm{T}} \boldsymbol{\Phi}_i + \boldsymbol{R}_i^{\mathrm{T}} \boldsymbol{J}_{\mathrm{gri}}^O \boldsymbol{R}_i$，故

$$
\boldsymbol{H}_k^{\mathrm{T}} \boldsymbol{M}_g \boldsymbol{H}_k = \boldsymbol{M} + \sum_{i=1}^{n} (m_i \boldsymbol{R}_i^{\mathrm{T}} \boldsymbol{T}_i + \boldsymbol{R}_i^{\mathrm{T}} \boldsymbol{J}_{\mathrm{gri}}^O \boldsymbol{R}_i)
\tag{7.2.18}
$$

同样地，依次计算可得

$$
\begin{cases}
\boldsymbol{T}_N^{\mathrm{T}}\boldsymbol{G}_g\boldsymbol{T}_N = -\displaystyle\sum_{i=1}^{n}\boldsymbol{R}_i^{\mathrm{T}}\tilde{h}_i\boldsymbol{R}_i \\[3mm]
\boldsymbol{T}_N^{\mathrm{T}}\boldsymbol{K}_e\boldsymbol{T}_N = \boldsymbol{K} \\[3mm]
\boldsymbol{T}_N^{\mathrm{T}}\boldsymbol{D}_g = -\displaystyle\sum_{i=1}^{n}\boldsymbol{R}_i^{\mathrm{T}}h_i\theta_i\boldsymbol{z}_i^{O} \\[2mm]
\qquad = [-\boldsymbol{R}_1^{\mathrm{T}}\boldsymbol{z}_1^{O}h_1, -\boldsymbol{R}_2^{\mathrm{T}}\boldsymbol{z}_2^{O}h_2, \cdots, -\boldsymbol{R}_n^{\mathrm{T}}\boldsymbol{z}_n^{O}h_n]\{\dot{\alpha}_1, \dot{\alpha}_2, \cdots, \dot{\alpha}_n\}^{\mathrm{T}}
\end{cases}
\tag{7.2.19}
$$

将式 (7.2.18) 和式 (7.2.19) 代入式 (7.2.17)，有

$$
[\boldsymbol{M} + \sum_{i=1}^{n}(m_i\boldsymbol{\Phi}_i^{\mathrm{T}}\boldsymbol{\Phi}_i + \boldsymbol{R}_i^{\mathrm{T}}\boldsymbol{J}_{\mathrm{gri}}^{O}\boldsymbol{R}_i)]\ddot{\boldsymbol{q}}(t) + \left(-\sum_{i=1}^{n}\boldsymbol{R}_i^{\mathrm{T}}\tilde{h}_i\boldsymbol{R}_i\right)\boldsymbol{q}(t) + \boldsymbol{K}\boldsymbol{q}(t)
$$
$$
= [-\boldsymbol{R}_1^{\mathrm{T}}\boldsymbol{z}_1^{O}h_1, -\boldsymbol{R}_2^{\mathrm{T}}\boldsymbol{z}_2^{O}h_2, \cdots, -\boldsymbol{R}_n^{\mathrm{T}}\boldsymbol{z}_n^{O}h_n]\{\dot{\alpha}_1, \dot{\alpha}_2, \cdots, \dot{\alpha}_n\}^{\mathrm{T}}
\tag{7.2.20}
$$

可见，式 (7.2.20) 与式 (7.1.2) 完全相同。

方程 (7.1.2) 与方程 (7.2.12) 是否等价取决于坐标变换矩阵 $\boldsymbol{T}_N$ 是否满秩。实际计算中，选取模态阶数一般远小于系统自由度数，以致 $\boldsymbol{T}_N$ 非方阵、非满秩。模态叠加建模误差随模态阶数增加而减少，当选取模态阶数趋于系统自由度时，模态叠加计算结果收敛于方程 (7.2.12)。

对于传统的模态叠加法，真实模态可使系统解耦，使用几阶模态即可准确描述结构振动。然而，对于变形耦合结构，变形耦合项改变了系统固有特性，因而采用原柔性体结构的模态进行模态叠加建模时，计算误差不仅源于模态截断，更大的误差源于原柔性体结构模态并不真实描述耦合系统的固有振动，这里将这种不能体现系统真实固有特性的模态称为**原始模态**。

在对两种建模方法进行数值收敛性分析之前，需要注意到变形耦合结构动力学方程与传统柔性结构不同，其变形耦合矩阵为反对称矩阵。为讨论变形耦合效应对结构固有特性的影响，将框架与柔性结构固定，即将方程 (7.1.2) 和式 (7.2.12) 右端输入项置零，研究变形耦合结构的自由振动。将式 (7.2.12) 写成状态空间形式

$$
\boldsymbol{\Psi}\dot{\boldsymbol{x}} + \boldsymbol{\Gamma}\boldsymbol{x} = \boldsymbol{\Pi}
\tag{7.2.21}
$$

其中

$$
\boldsymbol{\Psi} = \begin{bmatrix} \boldsymbol{M}_g & \boldsymbol{0} \\ \boldsymbol{0} & \boldsymbol{K}_g \end{bmatrix}, \quad
\boldsymbol{\Gamma} = \begin{bmatrix} \boldsymbol{G}_g & \boldsymbol{K}_g \\ -\boldsymbol{K}_g & \boldsymbol{0} \end{bmatrix}, \quad
\boldsymbol{\Pi} = \begin{Bmatrix} \boldsymbol{D}_g \\ \boldsymbol{0} \end{Bmatrix}, \quad
\boldsymbol{x} = \begin{Bmatrix} \dot{\boldsymbol{u}} \\ \boldsymbol{u} \end{Bmatrix}
\tag{7.2.22}
$$

对于式 (7.2.21) 的特征方程，由于 $\boldsymbol{\varGamma}$ 为反对称矩阵，系统特征值为共轭纯虚数，记为 λ_j，对应的复特征向量记为 $\boldsymbol{\eta}_j(j=\pm1,\cdots,\pm N_f)$，这里 N_f 表示结构的离散自由度数。系统响应用 $\boldsymbol{\eta}_j e^{\lambda_j t}$ 的实部描述，这里选取实部中的位移部分，即下半部分，得第 j 阶模态振动为

$$\boldsymbol{x}(t) = \boldsymbol{\mu}_j \cos \varOmega_j t - \boldsymbol{v}_j \sin \varOmega_j t \tag{7.2.23}$$

式中，$\varOmega_j$ 为 λ_j 的虚部，即第 j 阶模态振动频率。

7.2.3 算例

(1) 单执行机构情形

选取单个执行机构安装于固支边界柔性梁结构的自由端部，采用有限元法离散为 20 个梁单元，共 21 个节点、120 个自由度，如图 7.2.3 所示。执行机构初始框架坐标系与结构惯性参考系重合，转子角动量沿 y 轴方向，称之为 Y 构型。参数如表 7.2.1 所示。

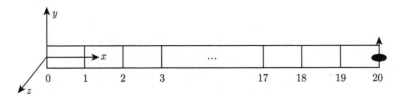

图 7.2.3 单执行机构情形 (Y 构型)

表 7.2.1 结构参数 (材料为铝合金)

参数	数值
梁长度, l	4m
梁横截面积, A	0.01m×0.02m
执行机构质量, m	1kg
转子惯量主矩, J_{ri}	$\mathrm{diag}([4,8,4])\times10^{-3}\mathrm{kgm}^2$
质量密度, ρ	$2.65\times10^3\mathrm{kg/m}^3$
弹性模量, E	$6.96\times10^{10}\mathrm{Pa}$
剪切模量, G	$2.6\times10^{10}\mathrm{Pa}$

首先，对该柔性体结构动力学进行收敛性分析，这里转子角动量为 15N·m·s。针对前五阶固有振动，分别将梁划分为 5、10 和 20 个单元。采用有限元离散计算出柔性体结构固有频率，如表 7.2.2 所示。可以发现，对于含单个执行机构力矩约束的柔性梁，当划分单元个数超过 10 之后，前四阶固有频率计算结果不再变化，虽然当单元个数为 5 时第五阶固有频率计算结果为 7.5232Hz，单元个数为 20 时为 7.5048Hz，但误差不超过 0.3%。可见，只要将执行机构所在位置划分为节点，很少单元的计算结果即可收敛。

表 7.2.2　单执行机构情形——频率有限元离散解

	单元个数	5	10	15	20
固有频率/Hz	一阶	0.3025	0.3025	0.3025	0.3025
	二阶	0.5094	0.5094	0.5094	0.5094
	三阶	1.7699	1.7699	1.7699	1.7699
	四阶	2.4840	2.4834	2.4833	2.4833
	五阶	7.5232	7.5059	7.5050	7.5048

　　接下来对模态叠加法进行收敛性分析。划分 20 个单元，采用原始模态叠加计算前五阶固有频率，模态阶数为 5、7、9、11、13、15，结果如表 7.2.3 所示。可以发现，对于前二阶固有频率，精确到小数点后四位，只需要模态叠加阶数超过七阶，计算结果即可收敛。然而，对于 3~5 阶固有频率，模态叠加阶数为 17 阶时仍然没有收敛。因此，考虑取更高阶模态进行计算，结果如表 7.2.4 所示。

　　从表 7.2.4 和表 7.2.2 可见，最后一列的数值完全相同，再次验证了式 (7.2.20) 所阐述的结果的正确性，即对于图 7.2.3 所示自由度为 120 的柔性结构，全模态叠加计算结果等价于有限元离散计算结果。

表 7.2.3　单执行机构情形——频率模态叠加解

	原始模态阶数	5	7	9	11	13	15	17
固有频率/Hz	一	0.3026	0.3025	0.3025	0.3025	0.3205	0.3205	0.3025
	二	0.6056	0.6052	0.6051	0.6051	0.6051	0.6050	0.6050
	三	2.4967	2.4894	2.4866	2.4853	2.4843	2.4840	2.4839
	四	5.0602	5.0056	4.9916	4.9865	4.9865	4.9841	4.9829
	五	7.7033	7.5971	7.5583	7.5397	7.5232	7.5191	7.5163

　　需要注意的是，在表 7.2.4 中发现一个反常现象，即对于第四阶固有频率而言，模态叠加计算结果在从 20 阶原始模态叠加过渡到 40 阶原始模态叠加时产生了突变：从 4.9822Hz 变化至 2.4834Hz，这种现象在传统模态叠加计算中不可能出现。

　　根据传统模态叠加理论，模态叠加计算精度随模态阶数增加而逐渐提高，不应产生突变现象。为仔细分析该现象产生原因，在原始模态叠加阶数 20 阶附近细分，结果如表 7.2.5 所示。

　　从表 7.2.5 可知，模态叠加使用的原始模态阶数从 20 阶过渡至 21 阶时，第四阶固有频率发生了突变，从 4.9822Hz 变化至 2.4837Hz。因而，这里定义第 21 阶原始模态为第四阶固有频率的**关键原始模态**：模态叠加未考虑第 21 阶原始模态 (即关键原始模态) 时，计算结果出现明显误差，只有包含关键原始模态时，结果才有收敛的可能性。

　　上述现象与传统模态叠加不同，源于变形与控制力矩约束之间的耦合效应改变了系统的真实模态，原始模态在这种情况下已经不能描述结构的真实动态特性。

表 7.2.4　单执行机构情形——频率模态叠加解

	原始模态阶数	20	40	60	80	100	120
固有频率/Hz	一	0.3205	0.3025	0.3025	0.3025	0.3025	0.3025
	二	0.6050	0.5181	0.5138	0.5118	0.5104	0.5094
	三	2.4837	1.8942	1.8427	1.8164	1.7961	1.7699
	四	**4.9822**	**2.4834**	2.4834	2.4834	2.4833	2.4833
	五	7.5127	7.5077	7.5063	7.5058	7.5048	7.5048

表 7.2.5　单执行机构情形——20 阶附近频率模态叠加解

	原始模态阶数	18	19	20	21	22	23
固有频率/Hz	一	0.3025	0.3025	0.3205	0.3025	0.3025	0.3025
	二	0.6050	0.6050	0.6050	0.5263	0.5262	0.5262
	三	2.4837	2.4837	2.4837	2.0337	2.0171	2.0171
	四	4.9829	4.9822	**4.9822**	**2.4837**	2.4837	2.4836
	五	7.5143	7.5143	7.5127	7.5127	7.5127	7.5116

(2) 多执行机构情形

考虑多个执行机构的固支边界柔性梁结构, 同样采用 20 个单元有限元法离散, 共 21 个节点、120 个自由度, 其中节点 2、4、6、8、10、12、14、16、18、20 作为执行机构的安装位置, 如图 7.2.4 所示。执行机构初始框架坐标系与结构惯性参考系重合, 转子角动量沿 y 轴方向, 参数如表 7.2.1 所示。

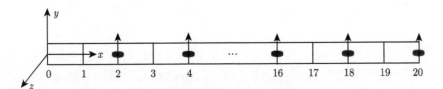

图 7.2.4　多执行机构情形 (Y 构型)

同样地, 首先基于有限元离散进行收敛性分析, 结构分为 10 个单元和 20 个单元分别计算陀螺柔性梁前五阶固有频率, 结果如表 7.2.6 所示。可以看出, 进行有限元离散建模时, 只需要将执行机构所在位置划分为节点, 则计算结果收敛, 结论与前述一致。

为直观分析模态叠加法的收敛性, 这里以原始模态叠加阶数为横坐标, 计算固有频率随模态阶数的变化规律, 结果如图 7.2.5 所示。提取 120 阶原始模态叠加计算结果为: 0.1711、0.1996、1.0381、1.2470、3.3998Hz, 与表 7.2.6 最后一列数据完全相同, 再次验证了全模态叠加计算结果等价于有限元离散计算结果。

表 7.2.6　多执行机构情形——频率有限元离散解

	单元个数	10	20
固有频率/Hz	一阶	0.1711	0.1711
	二阶	0.1996	0.1996
	三阶	1.0381	1.0381
	四阶	1.2470	1.2470
	五阶	3.3998	3.3998

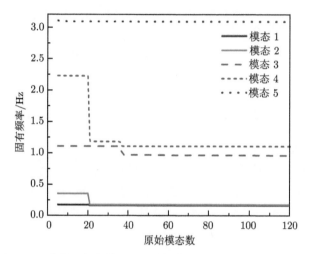

图 7.2.5　多执行机构情形——频率随模态阶数的关系 (Y 构型)

从图 7.2.5 可以发现，第二、第三及第四阶固有频率都有相应的关键原始模态：第二阶固有频率的关键模态为第 21 阶原始模态，第三阶固有频率的关键模态为第 37 阶原始模态，而第四阶固有频率的关键模态为第 21 阶和第 37 阶原始模态。据此可以发现，关键原始模态具有一定的规律，并不是随机的原始模态，其内在规律取决于变形耦合结构模态和原始模态之间的关系。

另一方面，不同构型下执行机构的变形耦合效应不同。为说明不同构型下的关键模态，这里以图 7.2.6 所示 X 构型变形耦合结构为例，计算结构固有频率与模态阶数的关系，结果如图 7.2.7 所示。可以发现，第四和第五阶固有频率对应的关键模态为第七阶原始模态，这个数值远小于图 7.2.4 所示构型的关键原始模态。可见，用原始模态叠加计算固有频率时，为满足同样收敛要求，X 构型所需的原始模态截取阶数要远小于 Y 构型。

可见，采用模态叠加法建模，若原始模态中未含关键原始模态，则计算结果误差较大。若截取的原始模态为全局模态 (有限元模型的模态)，则计算结果与有限元离散结果等价。关键原始模态和执行机构的配置及其构型有关。

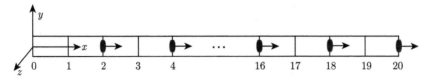

图 7.2.6 变形耦合结构 (X 构型)

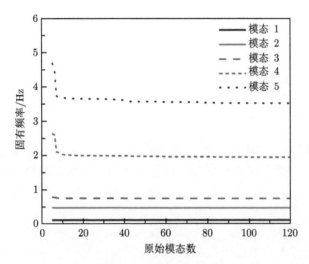

图 7.2.7 多执行机构情形——频率随模态阶数的关系 (X 构型)

7.3 振动耦合效应分析

结构由于振动改变执行机构角动量方向，从而产生作用于结构的陀螺力矩。以图 7.3.1 所示安装四个执行机构的桁架结构为例，说明这种变形耦合效应。执行机构安装在距固定端 1m 和 3m 处，初始角动量沿 x 轴方向，桁架末端作用一面外简谐激励 $\boldsymbol{F}(t)$。

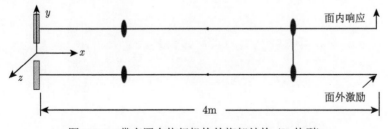

图 7.3.1 带有四个执行机构的桁架结构 (X 构型)

采用三维陀螺梁单元和传统三维梁单元组合，建立结构动力学方程

$$M_g\ddot{u}(t) + G_g\dot{u}(t) + K_gu(t) = F(t) \tag{7.3.1}$$

相对于方程 (7.2.12)，方程 (7.3.1) 中不含框架控制输入项。结构参数如表 7.3.1
所示。

表 7.3.1　桁架结构参数

参数	数值
梁横截面积, A	$0.01\text{m} \times 0.02\text{m}$
质量密度, ρ	$2.65 \times 10^3 \text{ kg/m}^3$
弹性模量, E	$6.96 \times 10^{10} \text{ Pa}$
剪切模量, G	$2.6 \times 10^{10} \text{ Pa}$
支撑梁长度, l_h	0.2m
执行机构质量, m	1kg
转子惯量主矩, J_{ri}	$\text{diag}([8,4,4]) \times 10^{-3} \text{ kg·m}^2$

施加沿 z 方向、幅值 10、频率为 20Hz 的面外正弦激励，计算上端梁末端 y
方向的面内响应。当角动量为零时，结构 z 与 y 方向彼此独立，y 方向无响应。
当角动量为 0.1N·m·s 时，端部 y 方向的面内响应如图 7.3.2(a) 所示。可以看出，
由于变形耦合效应的影响，z 方向激励导致结构产生沿 y 方向的振动。由于角动
量较小，该响应为 10^{-4} 量级。增大角动量为 1N·m·s，结果如图 7.3.2(b) 所示。从
图 7.3.2(a) 和 (b) 可以看出，在外激励不变的情况下，当角动量增加时，振动传
递特性增强，由 0.1N·m·s 时的 10^{-4} 量级增加到了 1N·m·s 时的 10^{-3} 量级，而且
响应频率亦发生了改变。增大角动量至 2N·m·s，结果如图 7.3.2(c) 所示。可以看
出，随着角动量的持续增加，振动传递特性增强。值得注意的是，在外激励不变
的情况下，同一时间段内响应周期增加，即随着角动量的增加结构响应频率发生
了改变。可见，变形耦合效应改变了结构的固有特性。

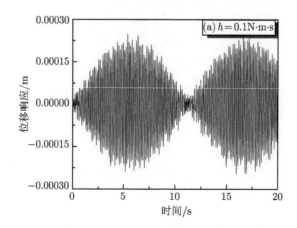

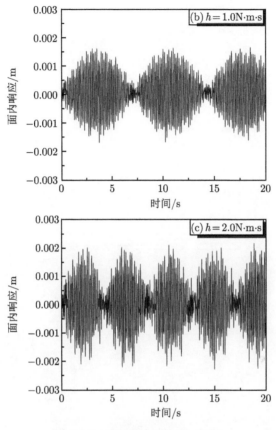

图 7.3.2 端部面内响应 (y 方向)

7.4 耦合效应对固有频率的影响

(1)X 构型

当执行机构角动量变化时, 变形耦合效应导致结构固有频率改变。选取图 7.2.6 所示 X 构型结构, 角动量在 0~24 N·m·s 范围内变化, 采用三维陀螺梁单元建立, 结构自由振动方程为

$$M_g\ddot{u}(t) + G_g\dot{u}(t) + K_gu(t) = 0 \tag{7.4.1}$$

计算结构固有频率随角动量的变化, 结果如图 7.4.1 所示。可以发现, 随着角动量的提高, 部分固有频率的变化呈现持续下降或先升后降的趋势。

(2)Y 构型

选取图 7.2.4 所示 Y 构型结构, 角动量在 0~24 N·m·s 内变化, 采用三维陀螺梁单元计算结构固有频率随角动量的变化, 结果如图 7.4.2 所示。可以发现, 与

X 构型下部分频率在部分角动量范围内升高的现象不同, Z 构型第一阶固有频率几乎不受影响, 所有受影响的固有频率均降低。

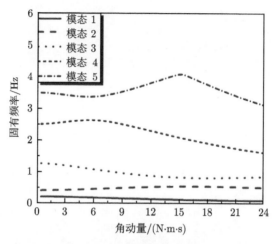

图 7.4.1　固有频率随角动量变化 (X 构型)

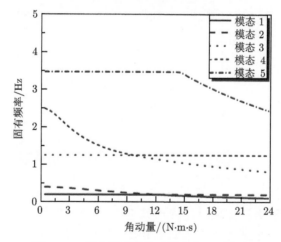

图 7.4.2　固有频率随角动量变化 (Y 构型)

(3) Z 构型

Z 构型陀螺柔性结构的初始角动量沿 z 轴方向, 如图 7.4.3 所示。改变角动量在 0～24 N·m·s 变化, 采用三维陀螺梁单元计算固有频率随角动量变化, 如图 7.4.4 所示。可以发现, Z 构型第二阶固有频率几乎不受影响, 所有受影响的固有频率均降低。可见, 无论什么构型, 变形耦合效应最终使固有频率呈现下降的趋势, 即结构变得更柔。

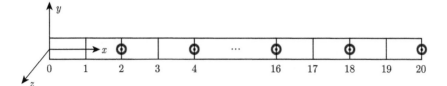

图 7.4.3 变形耦合结构 (Z 构型)

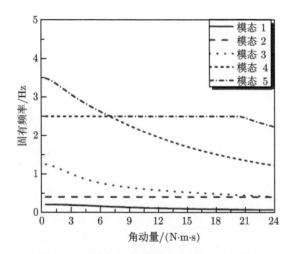

图 7.4.4 固有频率随角动量变化 (Z 构型)

7.5 耦合效应对固有振型的影响

选取图 7.2.6 所示 X 构型柔性结构。根据式 (7.2.23) 可知，柔性结构模态响应可以表示为 $\boldsymbol{x}(t) = \boldsymbol{\mu}_j \cos \Omega_j t - \boldsymbol{v}_j \sin \Omega_j t$，故第 j 阶固有振型由 $\boldsymbol{\mu}_j$ 和 $\boldsymbol{v}_j$ 描述。给定角动量 15N·m·s，分别采用三维陀螺梁单元和六阶原始模态叠加计算陀螺柔性模态，结果如图 7.5.1 所示。可以发现，使用六阶原始模态叠加可以较为准确地模拟一阶陀螺柔性模态，而其余各阶陀螺柔性模态误差越来越大。

模态叠加之所以可以用于动力学模型降阶，是因为真实系统模态可以使质量矩阵和刚度矩阵解耦，低阶模态振动能量相对于结构真实振动能量占比较高，高阶模态对结构真实振动影响较小。然而，如果结构变形耦合效应影响了系统的固有特性，产生关键原始模态现象，此时使用原始模态叠加进行动力学建模，关键原始模态缺失带来的误差更加显著。

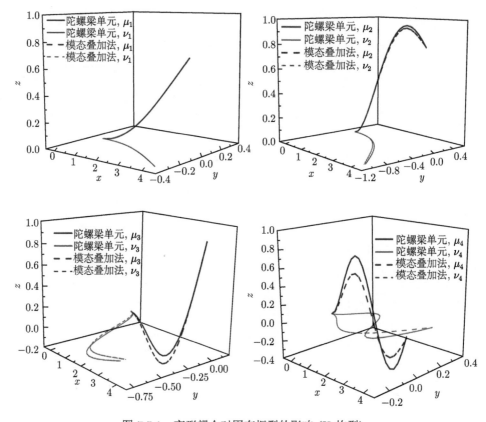

图 7.5.1　变形耦合对固有振型的影响 (X 构型)

7.6　电磁隔振

　　一旦空间可展开结构发生振动, 短时间难以衰减, 对于高稳、高精、高分辨率观测系统带来不利影响。人们设计出了各种主动隔振手段来应对低频振动, 但效果并不理想。这里提出一种可以实现低频隔振, 以及跟随机动功能的非接触式电磁作动系统, 以解决空间结构的隔振问题。

　　根据设计参数的不同, 隔振器具有最低为零的可控线性或非线性刚度。该作动器分成两个单独工作的部分：一部分安装高精度定向要求器件, 即负载模块 (Payload Module, PM), 另一部分负责对整个航天器提供动力, 即主体模块 (Support Module, SM)。两部分通过非接触作动器连接, SM 上的振动会被作动器隔离, 使PM 受到的扰动减弱, 从而保证 PM 工作环境的稳定性。

　　隔振系统依靠一对圆柱形永磁体 (黄色部分) 和一组矩形 PCB 电路线圈 (绿色部分), 当线圈通入电流, 载流线圈在永磁体磁场中受到 Lorentz 力, 通过对电磁力的合理设计，可使受控主体或结构在产生跟随运动的同时，保持很低的振动传递效果，如图 7.6.1 所示。依据线圈尺寸的不同，隔振器等效刚度可以呈现出近似线性或非线性，通过组合不同的刚度，还可实现准零刚度。

隔振系统主要包括激光位移传感器 1、负载模块和主体模块 2、电磁模块 3、机载计算机 4、激振器 5 等。隔振系统通过 8 个气浮轴承支撑于花岗石平台，可以实现几乎无摩擦的运动。实验表明，该电磁隔振装置能够隔离来自主体模块任意激励形式的扰动。

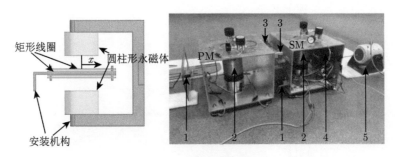

图 7.6.1　隔振系统结构

考虑一带有非线性关节的低频桁架结构的隔振问题。桁架结构一端悬吊、一端与负载模块固连，自激振器与主体模块固连并向主体模块提供正弦激励，考察电磁隔振对于激励的隔振效果，如图 7.6.2 所示。使用激光位移传感器测量激振器顶杆位移及桁架动响应，激光位移传感器分辨率为 6μm、测量范围 35±15 mm。传感器输出信号通过模数转换采样并记录。

图 7.6.2　桁架结构隔振实验

首先打开负载模块气阀，静置一段时间使其在气浮台上稳定；随后开启电源，打开主体模块气阀，使隔振系统处于平衡位置，以使初始位移置零，减轻初始自由振动。开启激振器，对主体模块施加 2~5Hz 正弦激励，结果如图 7.6.3 所示。

设计的桁架结构表现为低频、大柔性，具有明显的非线性特征。这里电磁隔振系统的激励频率最低为 2Hz。从图 7.6.3 可见，在 2~5 Hz 的每一个扫描频率点

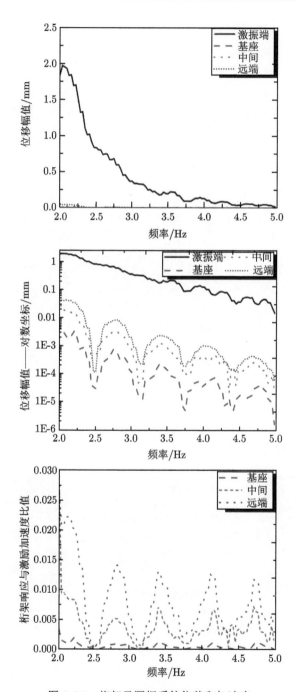

图 7.6.3   桁架及隔振系统位移和加速度

处, 桁架结构与负载模块连接点 (基座) 位移、桁架结构中间和最远端位移幅值均远小于主体模块激励端的位移, 其中基座、中间、远端三个点的加速度均至少小于主体模块加速度的 3%。结构三个测点的加速度与激振端加速度比值的最大值出现在 2Hz 处, 约为 0.0276, 小于 3%。可见, 该电磁系统实现了对桁架结构这一低频振动的加速度大约 97% 的隔振效果。

本章针对大型空间结构的分布式控制问题, 通过执行机构与柔性结构耦合动力学建模, 提出了原始模态和关键原始模态的概念。结构振动使执行机构角动量方向改变, 产生的力矩作用于变形结构上, 这种变形耦合效应使得结构不同方向的振动彼此耦合, 从而改变结构的振动传递特性。结果表明, 这种结构变形与控制相互耦合效应, 使结构固有振动特性发生了根本改变, 采用原始模态进行动力学建模时需要计入关键模态。

取决于构型和角动量的不同, 随着变形耦合效应的增强, 结构固有频率降低, 局部固有频率有升高趋势。通过合理配置来调整结构的振动传递特性和固有频率, 可以使结构达到期望的动力学特性。可见, 这种通过力矩作用的变形耦合约束在一定的频带内可以使结构动力学特性趋向于更加柔性。最后, 介绍了一种能够对复杂扰动和结构振动进行有效隔离的非接触电磁隔振系统, 实验表明隔振效果很好。

参 考 文 献

曹志远, 1989. 板壳振动理论. 北京: 中国铁道出版社.

陈辉, 文浩, 金栋平, 胡海岩, 2013. 带刚性臂的空间绳系机构偏置控制. 中国科学, 43(4): 363-371.

陈金, 金栋平, 2020. 弹性预紧约束对结构非线性振动的影响. 动力学与控制学报, 18(2): 69-75.

陈金, 金栋平, 刘福寿, 2020. 论分布式陀螺柔性体的动力学建模问题. 振动工程学报, 33(1): 74-81.

程尧舜, 2009. 弹性力学基础. 上海: 同济大学出版社.

董石麟, 钱若军, 2000. 空间网格结构分析理论与计算方法, 北京: 中国建筑工业出版社.

高秀敏, 金栋平, 胡海岩, 2017. 刚–柔耦合的对称天线结构非线性主共振. 中国科学, 47(10): 104608.

胡海岩, 田强, 张伟, 金栋平, 胡更开, 宋燕平, 2013. 大型网架式可展开空间结构的非线性动力学与控制. 力学进展, 43(4): 390-414.

李东旭, 2013. 大型挠性结构分散化振动控制——理论与方法. 3 版. 北京: 科学出版社.

刘福寿, 金栋平, 2016. 环形桁架结构径向振动的等效圆环模型. 力学学报, 48(5): 1184-1191.

刘福寿, 金栋平, 陈辉, 2013. 环形桁架结构动力分析的等效力学模型. 振动工程学报, 26(4): 516-521.

刘福寿, 金栋平, 文浩, 2017. 基于 PDE 模型的空间柔性曲梁无穷维 Kalman 滤波器设计. 中国科学, 47(10): 104611.

毛丽娜, 2010. 充气膜结构反射面的形态分析与优化方法研究. 哈尔滨工业大学博士论文.

钱学森, 宋健, 2011. 工程控制论. 3 版. 北京: 科学出版社.

秦宝亮, 金栋平, 刘福寿, 2015. 空间索网结构作动器/传感器优化配置. 应用力学学报, 32(6): 1055-1061.

王帅, 陈金, 金栋平, 2020. 基于复模态的控制力矩陀螺配置优化. 应用力学学报, 37(2): 637-641.

王祥, 金栋平, 2018. 计入热梯度的圆环结构热致振动分析. 振动与冲击, 37(6): 111-116.

张宏伟, 徐世杰, 1999. 作动器/传感器配置优化的遗传算法应用. 振动工程学报, 12(4): 529-534.

张贤达, 2004. 矩阵分析与应用. 北京: 清华大学出版社.

Amabili M, 2008. *Nonlinear Vibrations and Stability of Shells and Plates*. Cambridge: Cambridge University Press.

Bennett WH, Kwatny HG, 1989. Continuum modeling of flexible structures with application to vibration control. *AIAA Journal*, 7(9): 1264-1273.

Bennett WH, Yan I, 1988. A computer algorithm for causal spectral factorization. *The IEEE 1988 National Aerospace and Electronics Conference*, Las Dayton, OH.

Boley BA, 1972. Approximate analyses of thermally induced vibrations of beams and plates, *Journal of Applied Mechanics*. 39(1): 787-796.

Davis JH, Barry BM, 1976. A distributed model for stress control in multiple locomotive trains. *Applied Mathematics and Optimization*, 3(2): 163-190.

Davis JH, 1978. A distributed filter derivation without Riccati equations. *SIAM Journal of Control and Optimization*, 16: 584-592.

Davis JH, Dickison RG, 1983. Spectral factorization by optimal gain iteration. *SIAM Journal on Applied. Mathematic*, 42(2): 289-301.

Davis JH, 2002. *Foundations of Deterministic and Stochastic Control*. New York: Springer Science & Business Media.

Eremeyev VA, Lebedev LP, Altenbach H, 2013. *Foundations of Micropolar Mechanics*. New York: Springer Science & Business Media.

Fujii HA, Sugimoto Y, Watanabe T, Kusagaya T, 2015. Tethered actuator for vibration control of space structures. *Acta Astronautica*, 117: 55-63.

Gao XM, Jin DP, Hu HY, 2017. Nonlinear resonances and their bifurcations of a rigid-flexible space antenna. *International Journal of Nonlinear Mechanics*, 94: 160-173.

Grad JR, Morris KA, 1996. Solving the linear quadratic optimal control problem for infinite-dimensional systems. *Computers & Mathematics with Applications*, 32 (9): 99-119.

Grundig L, Bahndorf J, 1988. The design of wide-span roof structures using micro-computers. *Computer and Structure*, 30(3): 495-501.

Johnson MW, Reissner E, 1956. On transverse vibrations of shallow spherical shells. *Quarterly of Applied Mathematics*, 15 (4): 367-380.

Linkwitz K, Schek HJ, 1971. Einige bemerkungen zur berechnung von vorgespannten seilnetzkonstruktionen. *Ingenieur-Archiv*, 40: 145-158.

Liu FS, Jin DP, 2015. Analytical investigation of dynamics of inflatable parabolic membrane reflector. *Journal of Spacecraft and Rockets*, 52(1): 285-294.

Liu FS, Gao XM, Jin DP, 2015. Equivalent membrane model for the dynamic analysis of a prestressed paraboloidal cable nets. *Journal of Vibration Engineering and Technologies*, 3(5): 589-600.

Liu FS, Jin DP, Wen H, 2016. Optimal vibration control of curved beams using distributed parameters models. *Journal of Sound and Vibration*, 384: 15-27.

Liu FS, Jin DP, Wen Hao, 2017. Equivalent dynamic models for hoop truss structure composed of repeated planar elements. *AIAA Journal*, 55(3): 1058-1063.

Liu FS, Wang LB, Jin DP, Wen H, 2019. Equivalent continuum modeling of beam-like truss structures with flexible joints. *Acta Mechanica Sinica*, 35(5): 1067-1078.

Liu W, Li DX, 2013. Simple technique for form-finding and tension determining of cable-network antenna reflectors. *Journal of Spacecrafts and Rockets*, 50(2): 479-481.

MacFarlane AGJ, 1970. Return-difference and return-ratio matrices and their use in analysis and design of multivariable feedback control systems. *PROC. IEE*, 117(10): 2037-2049.

Noor AK and Nemeth MP, 1980. Micropolar beam models for lattice grids with rigid joints. *Computer Methods in Applied Mechanics and Engineering*, 21(2): 249-263.

Pai PF, Young LG, 2003. Fully nonlinear modeling and analysis of precision membranes. *International Journal of Computational Engineering Science*, 4(1): 19-65.

Preumont A, Achkire Y, and Bossens F, 2000. Active tendon control of large trusses. *AIAA Journal*, 38(3): 493-498.

Rao SS, 2007. *Vibration of Continuous Systems*, New Jersey: John Wiley & Sons.

Reissner E, 1946. Stresses and small displacements of shallow spherical shells. *Journal of Mathematics and Physics*, 25(80): 279-300.

Schek HJ, 1974. The force density method for form finding and computation of general networks. *Computer Methods in Applied Mechanics and Engineering*, 3(1): 115-134.

Smalley KB, Tinker ML, Taylor WS, 2002. Structural modeling of a five-meter thin-film inflatable antenna/concentrator. *Journal of Spacecraft and Rockets*, 40(1): 27-29.

Soedel W, 2004. *Vibrations of Shells and Plates* (Third Edition). New York: Marcel Dekker.

Stenger F, 1972. The approximate solution of Wiener-Hopf integral equations. *Journal of Mathematical Analysis and Applications*, 37(3): 687-724.

Thomas O, Touzé C, Chaigne A, 2005. Nonlinear vibrations of free-edge thin spherical shells: modal interaction rules and 1: 1: 2 internal resonance. *International Journal of Solids and Structures*, 42(12): 3339-3373.

Thornton EA, Kim YA, 1993. Thermally induced bending vibrations of a flexible rolled-up solar array. *Journal of Spacecraft and Rockets*, 30(4): 438-448.

Thornton EA, 1996. Thermal structures for aerospace applications. Reston: AIAA, 285-441.

Ventsel E, Krauthammer T, 2001. *Thin Plates and Shells: Theory, Analysis, and Applications*. New York: Marcel Dekker.

Williams P, Yeo S, Blanksby C, 2003. Heating and modeling effects in tethered aerocapture missions. *Journal of Guidance, Control, and Dynamics*, 26(4): 643-654.

Xu Y, Guan FL, 2012. Structure design and mechanical measurement of inflatable antenna. *Acta Astronautica*, 76: 13-25.

Yan YJ, Yam LH, 2002. Optimal design of number and locations of actuators in active vibration control of a space truss. *Smart Materials and Structures*, 11(4): 496-503.

Yang B, Tan CA, 1992. Transfer functions of one-dimensional distributed parameter systems. *Journal of Applied Mechanics*, 59(4): 1009-1014.

Zhang M X, 2016. Infinite-dimensional Kalman filtering and sensor placement problem [Disser-tation for Master's Degree], University of Waterloo.

Zingoni A, 1997. *Shell Structures in Civil and Mechanical Engineering: Theory and Closed-Form Analytical Solutions*. London: Thomas Telford.